国家林业和草原局普通高等教育"十三五"规划教材
高等院校木材科学与工程专业规划教材

木材加工装备实验

王宝金　主编

中国林业出版社

内 容 简 介

本书包括绪论和 20 个实验项目。绪论部分简要介绍了木材加工装备实验的目的、主要实验内容、实验过程要求和实验方法等。实验项目主要介绍了 20 个木材加工装备方面的实验，涉及木工锯机、木工刨床、木工铣床、木工钻床、木工榫槽机、木工车床、旋切机、封边机、砂光机、压机、木工加工中心等常见木工机械，对于大型人造板生产线，以中密度纤维板生产线为例采用虚拟仿真方式进行。

本书在每个实验项目中加入了相关知识概述，简要地叙述了实验所涉及的理论知识，从而加深读者对实验的理解，做到知其然，更知其所以然。

本书可作为高等院校木材科学与工程专业木材加工装备的实验教材，也可作为高等职业技术学院木材加工装备实验、基本操作训练的教材，还可供有关教师与工程技术人员参考。

图书在版编目（CIP）数据

木材加工装备实验 / 王宝金主编. — 北京：中国林业出版社，2018.12
国家林业和草原局普通高等教育"十三五"规划教材；高等院校木材科学与工程专业规划教材
ISBN 978-7-5038-9907-2

Ⅰ.①木… Ⅱ.①王… Ⅲ.①木工机械-实验-高等学校-教材 Ⅳ.①TS64-33

中国版本图书馆 CIP 数据核字（2018）第 276510 号

国家林业和草原局生态文明教材及林业高校教材建设项目

中国林业出版社·教育出版分社

策划编辑：杜 娟　　责任编辑：杜 娟　孙源璞
电　话：(010) 83143553　　传真：(010) 83143516

出版发行	中国林业出版社（100009　北京市西城区德内大街刘海胡同 7 号） E-mail: jiaocaipublic@163.com　电话：(010) 83143500 http://lycb.forestry.gov.cn
经　销	新华书店
印　刷	北京中科印刷有限公司
版　次	2018 年 12 月第 1 版
印　次	2018 年 12 月第 1 次印刷
开　本	850mm×1168mm　1/16
印　张	6.5
字　数	150 千字
定　价	20.00 元

未经许可，不得以任何方式复制或抄袭本书之部分或全部内容。

版权所有　侵权必究

前　言

本书是为高等院校木材科学与工程专业进行木材加工装备实验编写的教材。木材加工装备是综合性、实用性极强的课程，涉及木材学、木材加工工艺、人造板工艺、木材切削原理与刀具、机械设计基础、液压与气压传动、电工电子、数控技术等方面的基础知识。木材科学与工程专业技术人才一方面要具备综合基础知识，另一方面又要具有解决实际问题的能力。因此，木材加工装备的实验和实践，是培养木材科学与工程专业技术人才的重要环节，本书的出版正是为了满足这种需要。

本书包括绪论和实验项目两大部分。绪论部分简要介绍了木材加工装备实验的目的、主要实验内容、实验过程要求和实验方法等。实验项目部分介绍了 20 个木材加工装备方面的实验，涉及到木工锯机、木工刨床、木工铣床、木工钻床、木工榫槽机、木工车床、旋切机、封边机、砂光机、压机、木工加工中心等常见木工机械，大型人造板生产线则以中密度纤维板生产线为例采用虚拟仿真方式进行。这些实验项目是根据实验室条件和课程学时数而设置的，基本满足了木材加工装备实验实训的要求。

本书在每个实验项目中，加入了相关知识概述，将实验所涉及的理论知识作了简要叙述，以加深读者对实验的理解，做到知其然，更知其所以然。从绪论，到相关知识概述，再到实验操作，形成体系，成为比较完整的木材加工装备实验教材。

本书实验所采用的设备既有常规的木工机床，又有比较先进的数控木工机床，如数控曲线带锯机、数控木工车床、数控旋切机、数控铣床、五轴联动木工加工中心等，与木材工业生产中使用的设备基本相同，为读者熟练使用高性能数控木工机床打下坚实的基础。

本书由王宝金主编，其他编写人员为南京林业大学的丁建文、杨焕蝶、马连祥。

编者的水平有限，加上先进木材加工装备的快速发展，因此，本书的不足之处在所难免，敬请读者不吝赐教、批评指正。

王宝金
2018 年 9 月

目 录

前言

绪论 ··· 1

实验 1　细木工带锯机 ··· 2

实验 2　数控细木工曲线带锯机 ··· 7

实验 3　手工进给纵剖木工圆锯机 ··· 10

实验 4　落地式木工圆锯机 ··· 12

实验 5　台式木工圆锯机 ·· 17

实验 6　带移动工作台木工锯板机 ··· 21

实验 7　木工平刨床 ·· 26

实验 8　单面木工压刨床 ·· 29

实验 9　平压两用木工刨床 ··· 37

实验 10　立式下轴木工铣床 ··· 40

实验 11　木工镂铣机 ·· 47

实验 12　木工钻床 ·· 53

实验 13　木工方凿榫槽机 ·· 56

实验 14　木工车床 ·· 59

实验 15　数控无卡轴旋切机 ··· 66

实验 16　曲直线型封边机 ·· 72

实验 17　砂光机 ··· 75

实验 18　压机 ·· 82

实验 19　木工加工中心 ·· 85

实验 20　中密度纤维板虚拟仿真生产线 ·· 95

参考文献 ·· 99

绪　论

木材加工装备实验是木材科学与工程专业独立设置的一门专业实验实训必修课，是木材加工装备课程教学的一个重要实践环节。通过实验，学生自己动手操作设备，熟悉常见木材加工设备的结构，了解其工作原理、性能及用途，使书本理论知识与实践得到有效结合。为学习其他专业课打下坚实的实践基础，也为将来从事本专业相关工作创造有利条件。

木材加工装备实验课程的总学时数为16学时，共安排了20个实验。实验教学重点内容包括：木工锯机（带锯机、圆锯机），木工刨床（平刨、压刨、平压两用刨），木工铣床（下轴式铣床、镂铣机、数控镂铣机），木工钻床（普通钻床、排钻床），木工榫槽机，封边机，砂光机（辊式、带式），木工车床（普通车床、数控木工车床），旋切机，压机（冷压机、热压机），木工加工中心（三轴联动、五轴联动）等实体木工机械的主要结构和工作原理。此外，大型人造板生产线的实验以中密度纤维板生产线为例采用虚拟仿真方式进行。实验教学难点是各类木材加工装备的操作、调整及使用注意点。

实验过程中，由指导教师在实验室现场讲解机床的结构和工作原理以及操作注意事项，并进行机床的操作演示。然后学生对机床结构进行观察，分析其工作原理，并绘制相关结构图和原理图，在熟悉机床结构和原理之后，进行机床的操作和试加工。木材加工装备实验课程与木材加工工艺密切结合，学生可设计一些木质零件，制定加工工序，选用相关机床进行加工。

实验过程要求：

①做到人人动手，严格按照实验指导书进行操作，确保安全，并按时完成相关实验报告。

②本实验课程所用设备绝大部分为高速切削的木材加工设备，实验过程要做到安全第一。为保证实验效果和实验过程的安全，实验必须分组进行，每组人数不得超过15人。

本书是实验教材，用于指导学生进行木材加工装备的结构与原理、操作使用等方面的实验。但是，木材加工装备实验是一门综合性很强的实践性环节，它需要木材学、木材加工工艺、人造板工艺、木材切削原理与刀具、机械设计基础、液压与气压传动、电工电子、数控技术等方面的基础知识，需要紧密结合工程实践。因此，实验之前学生必须认真学习相关知识概述部分，复习涉及实验内容的基础知识。这样，可以用理论来指导实践，而通过实践又可加深对已经学过的理论基础的理解，通过这样的几个环节，就可以做到知其然更知其所以然，真正掌握木材加工装备知识。

实验 1　细木工带锯机

一、实验目的与要求

通过本实验，掌握细木工带锯机的用途、结构组成与工作原理，了解其主要技术参数，学会使用与调整细木工带锯机，熟悉机床操作注意事项，掌握细木工带锯机所用锯条的齿形和参数，对锯切表面质量进行评述并分析原因，了解细木工带锯机常见故障与处理、日常管理与维护方法等。

二、实验设备

（1）WOODFAST BS350 型细木工带锯机。
（2）双桶布袋式吸尘器。

三、相关知识概述

1. 细木工带锯机的用途

细木工带锯机主要用于板、方材的直线、曲线以及小于 45°的斜面加工。结构相对简单，大部分采用手工进料。

2. WOODFAST BS350 型细木工带锯机的结构

WOODFAST BS350 型细木工带锯机如图 1-1 所示，主要由床身、带锯条、上下锯轮、上锯轮升降机构、锯条张紧机构、上锯轮倾斜调节机构、上下锯卡、上锯卡升降调节机构、工作台倾斜机构、工作台上纵向导板与横向导板、下锯轮传动装置、下锯轮调速机构、传动皮带张紧机构、锯轮表面清洁装置、吸尘口、锯轮防护罩、电动机等组成。上锯轮升降的目的是便于更换锯条，锯条自动张紧以适应锯条发热伸长。上锯轮倾斜的目的是防止锯条脱落。

3. WOODFAST BS350 型细木工带锯机的技术参数

WOODFAST BS350 型细木工带锯机的技术参数如下，其中锯轮直径为主参数。

锯轮直径：　　　　　355 mm
锯条长度：　　　　　2533 mm

锯条宽度范围： 6~19 mm
最大切割高度： 203 mm
最大切割宽度： 342 mm
锯条线速度： 440、900 m/min
工作台尺寸： 400 mm×518 mm
工作台旋转角度范围： 0~45°
电压： 220 V
电机功率： 0.75 kW

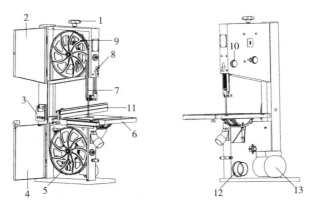

图 1-1 WOODFAST BS350 型细木工带锯机

1. 上锯轮升降调节手轮　2. 上锯轮护罩门　3. 启停开关　4. 下锯轮护罩门　5. 下锯轮　6. 工作台
7. 带锯条　8. 上锯卡锁紧手柄　9. 上锯轮　10. 上锯卡升降手轮　11. 纵向导板　12. 吸尘管口　13. 电动机

4. 细木工带锯机的调整与操作

(1) 工作台中心定位与偏转

如图 1-2 所示，松开紧固下转向架的螺栓 A，调整工作台位置直至锯条位于塑料宽插口的中心位置。工作台的倾斜角度可以根据需要进行调整。调整时，松开转角架上的翼形螺母 B，调整到所需要的角度后，锁紧该螺母。此时，需要更换宽槽的塑料宽插口，以便使锯条平顺运转。可以通过试切割小块木料的方法来证实角度设置是否正确。

(2) 调整工作台与锯条的垂直度

如图 1-2 所示，调整时，松开转角架上的翼形螺母 B。工作台面与锯条之间可调整成垂直 90° 状态，也可以根据需要调整到倾斜状态，最大倾斜角度可以调整到 45°。用角度规尺检查工作台与锯条的夹角。

(3) 更换和调试锯条

如图 1-3 所示，更换锯条时，需要将工作台上的调平螺栓拆下。松开机体上方的锯条张紧手把 A，使上锯轮下降，将锯条取下。更换锯条后，调整锯条张紧手把 A 使锯条张紧。锯条运转时应处于上下轮胶圈的中心位置，否则锯条可能脱落。调整上机体后方的星形手把，通过调整上锯轮的倾斜来调整锯条的位置。

（4）锯条上下锯卡

锯条的上下锯卡可以为锯条的切割带来精确的导向作用。如图 1-4 所示，当使用窄锯条时，要调整上、下锯卡上的滚轮（轴承）紧靠锯条，调整其间隙在 0.5 mm 以内，后方的滚轮（轴承）紧靠锯条后背，但是不要靠得太近，以免摩擦产生的热量对滚轮（轴承）和锯条造成不利影响。

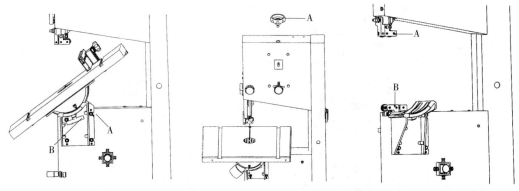

图 1-2　工作台调整示意图　　图 1-3　锯条更换和调整示意图　　图 1-4　上下锯卡的调整示意图

（5）调整切割高度

锯切时，上锯卡的位置要调整到尽可能地靠近被加工木料。如图 1-5 所示，调整时，松开上导侧面的翼形螺母 A，旋转手把 B 调整上锯卡靠近木料，锁紧翼形螺母 A。上锯卡的升降机构为齿轮齿条机构。

（6）调整锯条的速度

在调整带锯的转速之前务必确定机器处于断电状态。该型号带锯机设计了两种转速：低速时锯条线速度为 440 m/min，适用于切割硬木、塑料及某些有色金属；高速时锯条线速度为 900 m/min，适用于切割其他类型的木料。如图 1-6 所示，带锯的下锯轮上有两个不同直径的皮带槽，电机轮上也相应地有两个不同直径的皮带槽。通过调整皮带在不同皮带槽内的位置来调整带锯的转速。注意：皮带同时安装在下带锯轮、电机皮带轮和张紧轮上，通过摇动张紧手柄来张紧皮带。

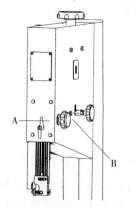 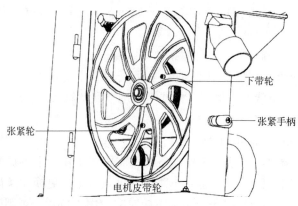

图 1-5　上锯卡高度的调节示意图　　图 1-6　锯轮转速调节示意图

5. 常见问题的原因及处理方法

WOODFAST BS350 型细木工带锯机常见的故障、原因及处理方法见表 1-1。

表 1-1　细木工带锯机常见的故障、原因及处理方法

常见故障	原因	处理方法
机器停转或不启动	1. 没插电源插头	1. 插上插头
	2. 保险丝烧断或断路器故障	2. 更换保险丝或重设断路器
	3. 线缆损坏	3. 更换线缆
达不到 45°或 90°切削	1. 限位螺钉调节不正确	1. 调节限位螺钉并用直角尺检查锯条与工作台的夹角
	2. 角度指针调节不精确	2. 调节指针并用直角尺检查锯条
	3. 角度尺调节不对	3. 调节角度尺
切割时锯条晃动	1. 纵向导板与锯条不平行	1. 检查并调节纵向导板
	2. 木料弯曲	2. 避免锯切弯曲木料
	3. 进料速度太快	3. 降低进料速度
	4. 锯条不对	4. 更换正确的锯条
	5. 锯条张紧不正确	5. 根据锯条设置正确的张紧力
	6. 上下锯卡设置不正确	6. 根据规范正确设置上下锯卡
锯切效果不理想	1. 锯条不锋利	1. 更换锯条
	2. 锯条装反	2. 将锯条齿朝下
	3. 锯条不清洁	3. 拆下锯条并清洁
	4. 不合适的锯条	4. 更换合适的锯条
	5. 工作台不清洁	5. 清洁工作台
锯条速度太慢	1. 外接线缆延长线太轻或太长	1. 更换合适尺寸的线缆
	2. 电压太低	2. 联系当地电力公司
振动太厉害	1. 底面不平整	1. 调整位置，放在平整的地面上
	2. 皮带质量太差	2. 更换原厂的皮带
	3. 电机安装太松	3. 锁紧安装电机的螺栓
	4. 紧固件太松	4. 锁紧紧固件

四、实验内容

（1）细木工带锯机的结构及其各组成部分功用。
（2）下锯轮旋转的主传动链结构。
（3）细木工带锯机的工作原理。
（4）带锯条的齿形结构。
（5）带锯条的更换。
（6）带锯条的张紧度调整。
（7）上锯轮倾斜度的调整。
（8）工作台与带锯条垂直度的调整。
（9）工作台与带锯条倾斜角度的调整。
（10）锯卡间隙的调整。
（11）上锯卡高度的调整。
（12）锯轮转速的调整。
（13）带锯机与吸尘器的连接。
（14）带锯机的启动、空运转和停止。
（15）工作台上纵向导板位置的调整与固定。
（16）工作台上横向导板角度的调整与固定。
（17）采用细木工带锯机进行木材纵向锯解、横向截断、工件的倾斜侧面锯切、横向角度锯切、曲线零件锯切等基本锯切加工。
（18）工件表面锯切质量的观察与评述。
（19）设计具有创意的零件，运用细木工带锯机进行锯切加工。

五、实验报告

（1）细木工带锯机应用于哪些场合？
（2）细木工带锯机的主要结构组成有哪些？
（3）为什么带锯条的锯齿要有锯料？锯料有几种形式？细木工带锯机的锯条采用何种形式的锯料？
（4）细木工带锯机为什么要有锯条自动张紧装置？采用何种形式的张紧装置？
（5）如何更换和张紧锯条？
（6）如何调整工作台与锯条的垂直度和角度？
（7）工作台面上的纵向导板和横向导板有何作用？如何调整？
（8）下锯轮如何驱动？画出主传动链图。
（9）锯轮的转速为什么要调整？如何调整？
（10）锯卡有何作用？如何调整锯卡的间隙？如何调整上锯卡的高度位置？
（11）为什么一般上锯轮的轴线是倾斜的？如何倾斜？如何调整倾斜角度？
（12）锯轮表面为什么要粘贴橡胶层？

实验 2　数控细木工曲线带锯机

一、实验目的与要求

通过本实验,掌握数控细木工曲线带锯机的用途、结构组成、工作原理,了解其主要技术参数,学会使用与调整数控细木工曲线带锯机,了解其日常管理与维护方法。

二、实验设备

MJ365 型数控细木工曲线带锯机。

三、相关知识概述

1. 数控细木工曲线带锯机的用途

数控细木工曲线带锯机主要用于将实木拼板锯切后弯曲的零件坯料,如椅子腿等弯曲零件,以提高弯曲实木零件毛坯的锯切精度与速度,提高拼板的利用率、生产效率,降低劳动强度,并且能使木材利用率提高 10% 以上。实木拼板的曲线锯切如图 2-1 所示。

2. MJ365 型数控细木工曲线带锯机

图 2-2 所示为 MJ365 型数控细木工曲线带锯机的外观图,该机除了具有普通细木工带锯机的主体结构之外,还有可携带工件纵横进给移动的复合型工作台、主机回转装置、数控装置、伺服系统、床身等。图 2-3 为数控曲线细木工曲线带锯机的结构简图。

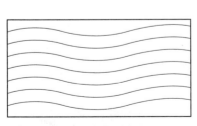

图 2-1　实木拼板曲线锯切加工示意图

图 2-2　MJ365 型数控细木工曲线带锯机的外观图

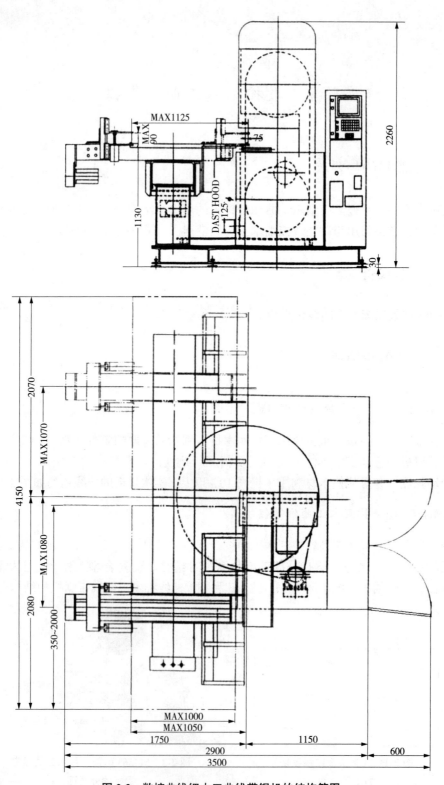

图 2-3　数控曲线细木工曲线带锯机的结构简图

主要技术参数：加工长度为 2500 mm；加工宽度为 1220 mm；加工厚度为 250 mm；旋转轴转角为±90°；电机功率为 6 kW；电压为 380 V。

锯切曲线零件时，为了防止卡锯，锯条应随着曲线的变化进行旋转，旋转中心为带锯条齿顶的连线。锯条的宽度方向应始终与曲线相切，如图 2-4 所示。锯切曲线时的曲率半径 R 与锯条的锯料宽度 a、锯身厚度 b、锯条宽度 B 等相关，最小曲率半径 $R_{\min}=\dfrac{B^2-a^2+b^2}{a-b}$。

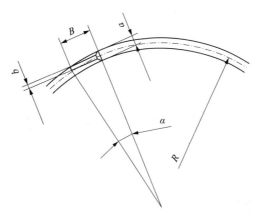

图 2-4 曲线锯切时曲线半径与锯条尺寸关系图

为了在锯切过程中，能让锯条随曲线曲率的不同而做不同角度的旋转，在机床结构设计上，采用了让锯机主机绕锯条锯齿齿顶连线旋转的方法。目前，也有采用旋转锯卡的方法让锯条旋转。为此，数控细木工曲线带锯机，需要能实现 X、Y、C 三坐标联动。由带锯机主机的回转带动带锯条绕锯齿齿顶连线回转，完成 C 轴角度的进给，C 轴的转动角度取决于锯切曲线上点的切线方向，带锯条应始终与锯切曲线相切，锯齿通过切点。X、Y 坐标轴方向的进给由工件通过纵横移动的复合工作台实现。

纵横移动的工作台由滚动导轨支撑，通过伺服电机和滚珠丝杆驱动。锯机主机支撑在旋转台上，旋转台的驱动由伺服电机和蜗轮蜗杆机构或者链传动机构实现。

工件的后侧通过气缸夹紧在工作台的表面上。

四、实验内容

（1）数控细木工曲线带锯机的用途。
（2）数控细木工曲线带锯机的结构组成及各部分的作用。
（3）锯轮旋转的主传动链结构。
（4）带锯机主机 C 轴的旋转传动机构。
（5）工作台纵横两个方向（X、Y 坐标轴）的进给传动机构。
（6）在工作台上夹紧工件方式。
（7）设计具有曲线结构的零件，进行锯切程序的编制和输入，启动机床完成曲线锯切加工。

五、实验报告

（1）试比较 WOODFAST BS350 型细木工带锯机和 MJ365 型数控细木工曲线带锯机的结构上的差别？使用效果有何不同？

（2）数控细木工曲线带锯机的锯条在锯切过程中为什么要旋转？旋转的中心在何处？使锯条旋转有哪两种典型的方式？

（3）设计具有曲线结构的零件图纸，编制锯切程序，说明操作机床完成曲线锯切加工的过程。

实验 3　手工进给纵剖木工圆锯机

一、实验目的与要求

通过本实验，掌握手工进给纵剖木工圆锯机的用途、结构组成与工作原理，了解其主要技术参数，学会使用和调整手工进给纵剖木工圆锯机，了解其日常管理与维护方法。

二、实验设备

MJ104 型手工进给的纵向锯剖木工圆锯机。

三、相关知识概述

1. 手工进给纵剖木工圆锯机的用途

手工进给纵剖木工圆锯机结构简单，制造方便，可纵向锯剖、横向截断、角度锯切木材，适用于小型企业或小批量的生产，应用范围很广。

2. MJ104 型手工进给木工圆锯机

如图 3-1 所示，MJ104 型手工进给木工圆锯机由圆锯片、锯轴、皮带传动机构、电动机、工作台、工作台升降机构、工作台倾斜机构、纵向导尺、横向导尺、床身、导向分离刀、排屑罩等组成。锯轴由电动机通过皮带传动驱动，锯轴的高度位置固定。根据工件的厚度通过工作台的升降来调节锯片露出工作台面的高度。工作台还可倾斜调节，

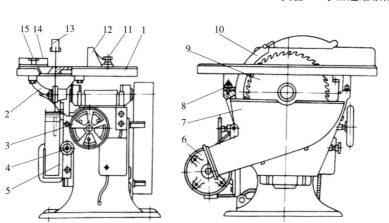

图 3-1 手工进给纵剖圆锯机
1. 工作台 2. 圆弧形滑座 3. 手轮 4、8、11、15. 锁紧螺钉 5. 垂直溜板
6. 电动机 7. 排屑罩 9. 锯片 10. 导向分离刀 12. 纵向导尺 13. 防护罩 14. 横向导尺

范围为 0~45°。纵向导尺与锯片之间距离可调,横向导尺既可与锯片表面垂直也可倾斜。

主要技术参数:最大锯片直径为 $\phi400$ mm;锯片规格为 $\phi400$ mm×$\phi30$ mm×2 mm;最大锯切厚度为 120 mm;电机功率为 3 kW;电压为 380 V。

四、实验内容

(1) 手工进给纵剖圆锯机的用途。
(2) 硬质合金圆锯片的齿形观察与分析。
(3) 圆锯机的结构组成及各部分的作用。
(4) 圆锯机锯轴的主传动链结构。
(5) 圆锯机的启动、空运转和停止。
(6) 圆锯片的更换。
(7) 工作台的升降调整。
(8) 工作台的倾斜调整。
(9) 纵向导尺与圆锯片之间距离的调整与固定。
(10) 横向导尺角度的调整与固定。
(11) 采用木工圆锯机进行木材纵向锯解、横向截断、工件的倾斜侧面锯切、横向角度锯切等基本锯切加工。
(12) 工件表面锯切质量的观察与评述,并与细木工带锯机锯切的工件表面质量进行对比分析。

五、实验报告

(1) 手工进给的纵剖圆锯机应用于哪些场合?
(2) 手工进给的纵剖圆锯机的主要结构组成有哪些?

(3) 如何更换圆锯片？
(4) 硬质合金圆锯片的齿形结构有何特点？
(5) 如何调整圆锯片露出工作台面的高度？
(6) 如何调整圆锯片与工作台的角度？
(7) 工作台面上的纵向导板和横向导板有何作用？如何调整？
(8) 锯轴如何驱动？画出主传动链图。
(9) 导向分离刀有何作用？
(10) 比较分析运用硬质合金圆锯片进行木材纵向锯解、横向截断、工件的倾斜侧面锯切、横向角度锯切等基本锯切加工的工件表面质量，并与细木工带锯机锯切的表面质量进行对比分析。

实验4　落地式木工圆锯机

一、实验目的与要求

通过本实验，掌握落地式木工圆锯机的用途、结构组成与工作原理，了解其主要技术参数，学会使用和调整落地式木工圆锯机，了解其日常管理与维护方法。

二、实验设备

REXON PT2502R2 型落地式木工圆锯机。

三、相关知识概述

1. 落地式木工圆锯机的用途

落地式木工圆锯机结构轻巧，使用方便，可纵向锯剖、横向截断、角度锯切木材，适用于小型企业或小批量的生产，应用很广。

2. REXON PT2502R2 型落地式木工圆锯机

REXON PT2502R2 型落地式木工圆锯机由锯切机构、锯片升降机构、锯片倾斜机构、工作台、纵向导尺、横向导尺、床身、导向分离刀、排屑罩等组成，如图4-1所示。

锯切机构由硬质合金圆锯片和电动机构成，圆锯片直接安装电动机轴上。锯切机构安装在升降滑架上，通过锯片升降手轮、锥齿轮传动、丝杆传动机构使滑架沿导轨升

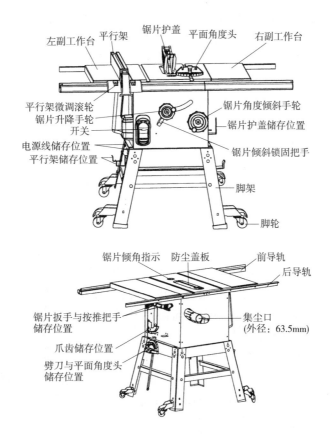

图 4-1　REXON PT2502R2 型落地式木工圆锯机外观图

降，从而实现圆锯片的升降调节。升降导轨架安装圆弧导轨上，通过角度倾斜手轮、锥齿轮传动机构、蜗轮蜗杆机构使锯切机构实现倾斜调节，圆弧导轨回转中心处在圆锯片表面与工作台表面的交线上，从而使圆锯片倾斜时，处于工作台表面之上的圆锯片的水平偏移量小。工作台面有锯片倾斜角度显示刻度尺，可精确调节。工作台除主工作台外，还有左右两个辅助工作台，以方便锯切大幅面板材。纵向导尺安装在前后两个导轨上，移动轻便，还带有微调结构，调节精度高。横向导尺与前述的细木工带锯机、纵剖圆锯机类似。

主要技术参数：锯片外径为 ϕ255 mm；锯片内径为 ϕ25.4 mm；锯片与工作台面垂直时最大锯切厚度为 86 mm；锯片与工作台面倾斜 45°时最大锯切厚度为 57 mm；电动机功率为 2.6 kW；电压为 220 V。

(1) 纵向导尺的调整

如图 4-2 所示，先向上松开纵向导尺的锁紧把手 1，然后移动纵向导尺到所需位置，再下压锁紧把手 1。如果纵向导尺 2 与圆锯片表面不平行，即纵向导尺 2 与工作台边部的沟槽 3 不平行，将纵向导尺 2 移动到沟槽 3 的右

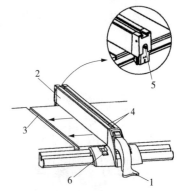

图 4-2　纵向导尺的位置调整图

侧，松开纵向导尺 2 上端的 2 颗螺栓 4，并向上松开锁紧把手 1，将纵向导尺托架紧抵台锯的前缘，移动纵向导尺 2，直至纵向导尺 2 与沟槽 3 平行，下压锁紧把手 1，并锁紧螺栓 4。如果纵向导尺松开而把手处于下压状态，应进行如下调整：将把手 1 向上松开，再调整螺栓 5 向顺时针方向转动，以锁紧后方的夹钳，注意调整螺栓 5 不要太紧，否则会导致纵向导尺歪掉，使用滚轮 6 左右移动可进行微调。

（2）锯片的拆卸

如图 4-3、图 4-4 所示，首先移除防护盖板 1，调整锯片升降手轮，将锯轴调整到最高位置。先松开锯片倾斜锁紧把手，并使用锯片角度倾斜手轮，将锯片调整至 0°垂直后再锁紧锯片倾斜锁紧把手。然后再将电动机固定杆 2 往前扳，并转动锯片 3，直至插销卡锁紧定位而锯片无法再转动。使用六角扳手 4 松开六角螺母 5。依序将六角螺母 5、夹盘 6 与锯片取出。

（3）锯片的安装

如图 4-3 和图 4-4，移除防护盖板 1，调整锯片升降手轮，将锯轴调整到最高位置。将锯片 3 置入刀轴 7 上，然后依序将夹盘 6 和六角螺母 5 套到刀轴 7 上。将电动机固定杆往前扳，并转动锯片 3，直至插销定位而锯片 3 无法再转动。使用六角扳手 4 锁紧螺母 5。将防护盖板 1 放回工作台上。

（4）锯片的 90°调整

如图 4-5 和图 4-6，调整锯片升降手轮，将锯片 1 升至最高位置。放置直角规 2 于工作台上，测量锯片是否与工作台成 90°。如果锯片与工作台不垂直需要调整时，先移除机台后侧的机壳，调整锯片角度倾斜手轮，使定位块 3 和伞齿轮 4 保持一段适当距离。使用 3mm 的六角扳手将定位块 3 的 2 颗螺丝 5 松开。分开定位块 3 和蜗杆 6。当倾斜角度大于 90°时，将定位块转向以 A 方向进行转动，直至倾斜角度和倾斜尺规显示相同；当倾斜角度小于 90°时，将定位块转向以 B 方向进行转动，直至倾斜角度和倾斜尺规显示相同。

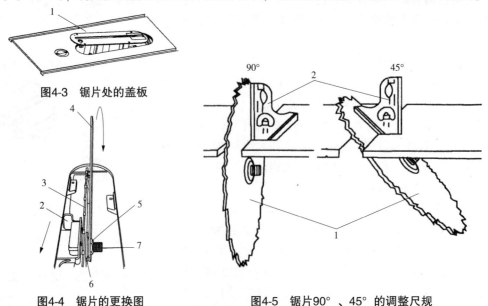

图 4-3　锯片处的盖板

图 4-4　锯片的更换图

图 4-5　锯片 90°、45°的调整尺规

(5) 锯片的45°调整

如图4-5、图4-7，调整锯片角度倾斜手轮，将锯片1倾斜至45°，再调整锯片升降手轮，将锯片升至最高位置。放置直角规2于工作台上，测量锯片是否与工作台成45°。如果锯片和工作台未成45°需调整时，先移除机台后侧的机壳，调整锯片角度倾斜手轮，使定位块7和伞齿轮4保持一段适当距离。使用3 mm的六角扳手将定位块7的2颗螺丝8松开，分开定位块7和蜗杆6。当倾斜角度大于45°时，将定位块转向以A方向进行转动，直至倾斜角度和倾斜尺规显示相同；当倾斜角度小于45°时，将定位块转向以B方向进行转动，直至倾斜角度和倾斜尺规显示相同。

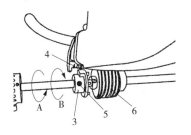

图4-6　锯片90°调整时定位块的调整　　图4-7　锯片45°调整时定位块的调整

(6) 锯片的升降与倾斜调整

如图4-8所示，调整锯片升降手轮1，将锯片升到所需的位置后，使其锯片能保持所需的高度。松开锯片倾斜锁紧把手2，转动锯片角度倾斜手轮3，将锯片调整至所需倾斜度后，锁紧锯片倾斜锁紧把手2，使其锯片能保持所需角度。

(7) 锯切操作

①纵向锯切操作：如图4-9所示，适时地使用平面角度头进行纵切操作，并固定于工作台右方；将工件紧靠纵向导尺2，并推向锯片方向，进行切削。必要时使用按推把手3，确保安全。

②横向锯切操作：如图4-10所示，适时地使用平面角度头进行纵切操作，并固定于工作台左方沟槽2；将工件3贴紧平面角度头1，并平稳地推向锯片4，进行锯切。

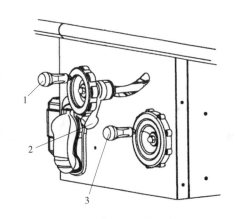

图4-8　锯片的升降与倾斜调整图

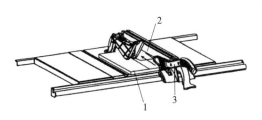

图4-9　纵向锯切图

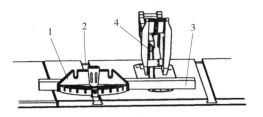

图4-10　横向锯切图

③斜向锯切操作：如图4-11所示，将平面角度头1设定至所需角度锁紧；将工件2稳固地贴住平面角度头1，缓慢地将工件2接近锯片3，以防止滑落。

④锯片倾斜锯切操作：如图4-12所示，锯切时，平面角度头必须使用于右侧的沟槽内，避免与锯片相互干涉。转动锯片角度倾斜手轮至所需角度，并锁紧锯片倾斜锁紧把手；将工件1稳固地贴住平面角度头2；缓慢地将工件1接近锯片3，以防止滑落。

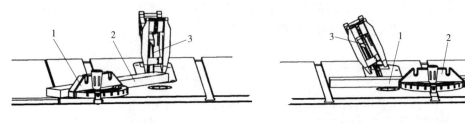

图4-11　斜向锯切图　　　　　　图4-12　锯片倾斜锯切操作

⑤复合锯切操作：如图4-13所示，锯切时，平面角度头必须使用于右侧的滑槽内，避免与锯片相互干涉。分别调整平面角度头1与锯片角度倾斜手轮至所需角度，并将平面角度头1置于工作台右方沟槽2；将工件3紧靠平面角度头1，缓慢推向锯片4方向，进行锯切。

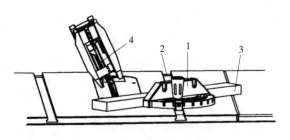

图4-13　复合锯切操作

四、实验内容

(1) 落地式木工圆锯机的用途。
(2) 圆锯机的结构组成与各部分的作用。
(3) 圆锯机的主传动链结构。
(4) 圆锯机的启动、空运转和停止。
(5) 圆锯片的拆卸和安装。
(6) 圆锯机的升降调整机构。
(7) 圆锯机的倾斜调整机构。
(8) 纵向导尺的调整。
(9) 横向导尺的调整。
(10) 纵向锯切、横向锯切、斜向锯切、锯片倾斜锯切的基本操作加工。

五、实验报告

（1）落地式木工圆锯机应用于哪些场合？
（2）落地式木工圆锯机的主要结构组成有哪些？
（3）如何更换圆锯片？
（4）如何调整圆锯片的高度和倾斜角度？
（5）工作台上的纵向导尺和横向导尺有何作用？如何调整？
（6）圆锯片如何驱动？绘制主传动链图。
（7）导向分离刀有何作用？
（8）试比较普通纵向锯剖圆锯机与落地式木工圆锯机在结构上的不同之处。

实验 5　台式木工圆锯机

一、实验目的与要求

通过本实验，掌握台式木工圆锯机的用途、结构组成、工作原理，了解其主要技术参数，学会使用和调整台式木工圆锯机，了解其日常管理与维护方法。

二、实验设备

BOSCH GTS 10 J Professional 型台式木工圆锯机。

三、相关知识概述

1. 台式木工圆锯机的用途

台式木工圆锯机结构轻巧，使用方便，可纵向锯剖、横向截断、角度锯切木材，适用于小型企业或小批量的生产，应用很广。

2. BOSCH GTS 10 J Professional 型台式木工圆锯机

BOSCH GTS 10 J Professional 型台式木工圆锯机由锯切机构、锯片升降机构、锯片倾斜机构、工作台、纵向导尺、横向导尺、床身、导向分离刀、排屑罩等构成，如图 5-1 所示。

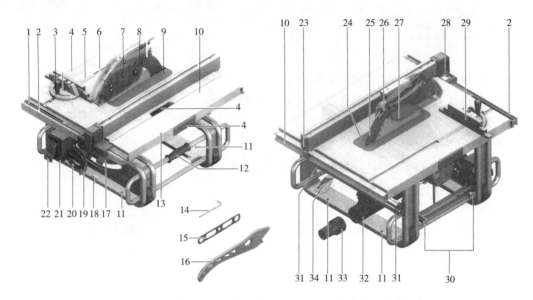

图 5-1　BOSCH GTS 10 J Professional 型台式木工圆锯机

1. 刻度尺　2. 导引槽　3. 角度挡块　4. 握柄槽　5. 导引槽　6. 防护罩　7. 夹紧螺丝　8. 锯台
9. 纵向导尺　10. V 形导引槽　11. 安装孔　12. 提柄　13. 锯台延长件　14. 内六角扳手　15. 环形扳手
16. 推杆　17. 拧紧柄　18. 固定夹圈　19. 锁紧杆　20. 手轮　21. 手柄　22. 开关保护盖　23. 调整螺丝
24. 垫板　25. 导向分离刀　26. 拧紧杆　27. 锯片　28. 放大镜　29. 型材挡轨　30. 电线托架
31. 固定夹　32. 锯屑排口　33. 吸管转接头　34. 存放防护罩的托架

主要技术参数：锯片直径为 $\phi 254$ mm；锯片内孔为 $\phi 25.4$ mm；锯身厚度为 1.7～1.9 mm；锯齿宽度为 2.6 mm；锯片转速为 3650 r/min；电机功率为 1.8 kW。

更换锯片操作。所使用的锯片的最高许可转速必须高于电动工具的无负载转速。参照图 5-2 进行锯片的更换操作。拆卸锯片的操作时，使用螺丝起子挑起垫板 24 的前端，并从道具沟上取出垫板。操纵手柄 21 顺时针旋转手轮 20，将手柄 21 拧到尽头，让锯片 27 突出于锯台表面并上升到最高的位置；拧松拧紧杆 26，把防护罩 6 向上拉到尽头，接着再收紧拧紧杆；拧紧夹紧螺母 44，此时要使用环形扳手 15（23mm），并且要同时拉动主轴制动杆 45 至制动杆卡住为止；继续拉住制动杆，并朝着逆时针的转向拧出夹紧螺母；拿出固定法兰 46；拆下锯片 27。安装锯片的操作时，把新的锯片安装在接头法兰 48（法兰位于主轴 47）上。注意不可以使用太小的锯片，锯片和导向分离刀之间的空隙不可以超过 5mm。安装时请注意，锯齿的切割方向（锯片上的箭头指示方向）必须和防护罩上的箭头指示方向一致。装上固定法兰 46 及夹紧螺母 44，拧紧夹紧螺母 44，此时要使用环形扳手 15（23mm），并且要同时拉动主轴制动杆 45 至制动杆卡住为止；顺时针转向拧紧夹紧螺母，再次装入垫板 24，再次放下防护罩 6。锯片的升降调整：如图 5-1 所示，当机器使用完毕后，操纵手柄 21 逆时针旋转手轮 20，锯片下降，直至锯片 27 的锯齿下降到工作台 8 的下方为止。当使用机器时，操纵手柄 21 顺时针旋转手轮 20，锯片上升，锯片 27 的锯齿突出工作台之上的高度取决于工件的厚度。

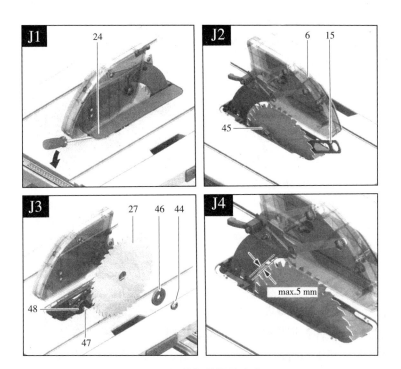

图 5-2 更换锯片操作参考图
6. 防护罩　15. 环形扳手　24. 垫板　27. 锯片　44. 夹紧螺母
45. 锯轴制动杆　46. 固定法兰　47. 主轴　48. 接头法兰

　　锯片的倾斜调整：如图 5-3 所示，锯片倾斜角度的设定范围为 −2°～47°，当锁紧杆 19 完全松开后，由于锯切机构的自重的影响，锯片会倾斜到 30° 的位置，沿着连杆抽拉或推压手轮 20 至角度指针 49 指在希望的斜角锯割角度上为止，让手轮 20 保持在这个位置，并再度拧紧锁定杆 19。为了快速且准确地设定 0° 和 45° 基本角度，机器配备了针对上述角度的挡块。

　　纵向导尺的调整：如图 5-1 所示，纵向导尺 9 可以安装在锯片的左侧（黑色的刻度尺）或右侧（银色的刻度尺），在放大镜 28 中有一个记号，该记号在刻度尺 1 上指示的值便是平行挡块到锯片的距离，把纵向导尺放在需要的位置，即锯片的左侧或右侧。

　　横向导尺的斜角调整范围在 60°（左侧）和 60°（右侧）之间。如图 5-4 所示，如果固定旋钮 51 被拧紧了，先拧松固定旋钮 51；拧转角度挡块，至角度指针 52 指在希望的斜角锯割角度上为止；再度拧紧固定旋钮 51。

　　在使用锯机进行锯割之前必须先确定锯片绝对不会碰触挡块或其他的机件，保护锯片免受冲击和碰撞，不可以侧压锯片；导向分离刀必须和锯片位于同一直线上，以预防工件被夹住；不可以加工变形的工件，为了能够紧靠在纵向导尺上，工件至少必须具备一个笔直的边缘。锯切操作时，操作者不可以和锯片站在一直线上，而是要站在锯片的侧面，这样可以保护身体免遭受伤害，手掌、手指和手臂必须远离转动中的锯片。使用双手握好工件并将工件牢牢地压在工作台上，锯切狭窄的工件以及锯切垂直的斜锯角时必须使用附带的推杆和纵向导尺的附件。

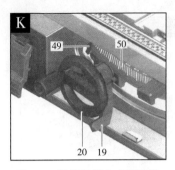
图 5-3 锯片倾斜角度的调整
19. 锁紧杆　20. 拧转轮　49. 角度指针
50. 斜锯角刻度尺

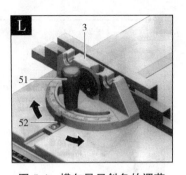
图 5-4 横向导尺斜角的调节
3. 角度挡块　51. 斜切角的固定旋钮
52. 角度挡块上的角度指针

参照图 5-1，进行锯切操作。

锯切直线时，根据希望的锯切宽度调整纵向导尺 9，把工件放在工作台上的防护罩 6 前面，操纵手柄 21 转动手轮升高或降低锯片，让锯片的上端锯齿突出于工件表面约 5 mm，根据工件的高度调整防护罩，防护罩必须在锯切时轻靠在工件上，开动电动机，施加推力均匀地锯切工件，锯切结束后，关闭电机，让锯片完全停止转动。

锯切垂直方向的斜锯角时，调整防护罩 6 的高度，不要让防护罩的下缘完全靠在工件上，此时必须先拧紧杆 26，把防护罩 6 移动到合适的高度，然后再转紧拧紧杆，接着调整侧面护板 71 的高度，锯切垂直方向的斜锯角时侧面护板可以协助遮蔽锯片。侧面护板不可以完全靠在工件上，此时要拧松侧面护板的固定螺丝，适度调整好侧面护板的高度，然后再拧紧固定螺丝。

锯切水平方向的斜锯角时，调整好希望的水平方向斜锯角。把工件靠在型材挡轨 29 上。型材挡轨不可以放在锯线上。如果型材挡轨与锯线重叠则要拧松滚轮螺母并移动型材。操纵手柄 21 转动手轮 20 升高或降低锯片，让锯片的上端锯齿突出于工件表面约 5 mm。根据工件的高度调整防护罩。防护罩必须在锯割时轻靠在工件上。开动电动工具，使用一只手将工件压在型材挡轨上，另一只手握在固定旋钮 51（见图 5-4）上并慢慢地将位于导引槽 5 中的角度挡块向前推动。关闭电动工具，并让锯片完全停止转动。

四、实验内容

(1) 台式木工圆锯机的应用场合。
(2) 台式木工圆锯机的结构组成及各部分的作用。
(3) 圆锯机的主传动链结构。
(4) 圆锯机的启动、空运转和停止。
(5) 圆锯片的拆卸和安装。
(6) 圆锯机的升降调整机构。
(7) 圆锯机和倾斜调整机构。
(8) 纵向导尺的调整。

(9) 横向导尺的调整。

(10) 纵向锯切、横向锯切、斜向锯切、锯片倾斜锯切的基本加工。

五、实验报告

(1) 台式木工圆锯机应用于哪些场合？

(2) 台式木工圆锯机的主要结构组成有哪些？

(3) 如何更换圆锯片？

(4) 如何调整圆锯片的高度？

(5) 如何调整圆锯片的倾斜角度？

(6) 工作台上的纵向导尺和横向导尺有何作用？如何调整？

(7) 圆锯片如何驱动？

(8) 试比较台式木工圆锯机与落地式木工圆锯机在结构上的不同之处。

实验 6　带移动工作台木工锯板机

一、实验目的与要求

通过本实验，掌握带移动工作台木工锯板机的用途、结构组成与工作原理，了解其主要技术参数，学会使用和调整移动工作台木工锯板机，了解其日常管理与维护方法。

二、实验设备

MJ614 型移动工作台木工锯板机。

三、相关知识概述

1. 移动工作台的木工锯板机的用途

带移动工作台的木工锯板机主要用于软硬实木、胶合板、刨花板、纤维板及其装饰板材的锯切加工，以获得尺寸符合规格的板件，同时还可以用于各种塑料板、绝缘板、薄铝板和铝型材等锯切。通常经锯板机锯切后的规格板件尺寸准确、锯切表面平整光滑，无须再做进一步的精加工就可以进入后续工序。

2. MJ614型带移动工作台木工锯板机

MJ614型带移动工作台木工锯板机主要由床身1、固定工作台4、移动工作台（7和9）、锯切机构6、导向和定位装置（3和8）、防护和排屑装置5等组成，如图6-1所示。

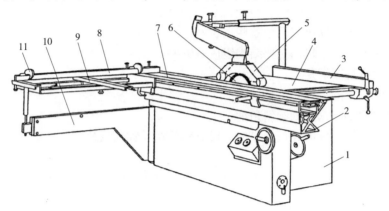

图6-1 MJ614型带移动工作台木工锯板机外观图
1. 床身 2. 支承座 3. 导向装置 4. 固定工作台 5. 防护和排屑装置 6. 锯切机构
7. 双滚轮式移动滑台 8. 靠板 9. 横向滑台 10. 支撑臂 11. 挡板

主要技术参数：最大锯切长度为2500 mm；最大锯切宽度为800 mm；最大锯切零件尺寸为2500 mm×2500 mm；主锯片直径为250~400 mm；主锯片转速为6000、4500、3500 r/min；主锯片电机功率为4kW；副锯片直径为105~125 mm；副锯片转速为9000 r/min；副锯片电机功率为0.75 kW。

（1）床身和固定工作台

床身大多采用5~6 mm钢板焊接而成，稳固美观，能保证加工中不产生倾斜或扭曲变形。固定工作台置于床身顶部，大多为铸造件，要求平整、不变形。工作台上设有纵向导板及其调节机构。

（2）锯切机构

锯切机构通常包括锯座及其倾斜调整机构，主、副锯片及其升降机构，锯片调速等机构。如图6-2所示为锯轴可45°倾斜调整的锯切机构原理图。

①主锯片及其调节机构：如图6-2（a）所示，主锯片9的主轴置于主锯架8的轴承座内，主锯架与锯座板14之间采用销轴连接，操纵手轮2经丝杆螺母机构，可使主锯架绕c点摆动，实现主锯片的升降调节，以满足工件切削厚度变化的需要；四杆机构$bcef$可保证主锯架8做平面运动。主锯片的直径一般在315~400 mm之间，由主电动机13通过三角带传动，根据锯片直径和加工材种的不同，主锯片可以利用塔轮15进行变速。主电动机功率一般在4~9 kW，为使调速简便，应采用特制的三角皮带，以保证用单根三角皮带就能满足所需功率的传递。变速时拧动丝杆10即可改变两塔轮间的中心距。此外，三角皮带传动还能起过载保护作用。主锯片采用逆向锯切工件，切削速度一般在50~100 m/s范围内变动。切削速度高，要求机床制造精密，应严格控制锯轴的加工尺寸精度和形位公差，选用精度级别较高的轴承，并在锯轴的轴承座处采取卡入橡胶圈等减

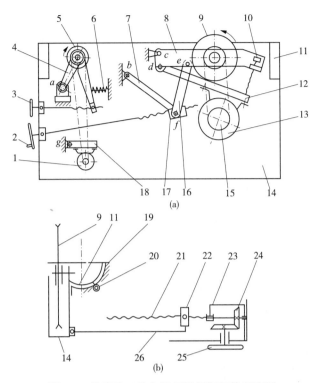

图 6-2 带移动工作台锯板机锯切机构原理图
(a) 锯切机构原理图 (b) 锯座倾斜机构原理图

1. 副电动机 2. 主锯片升降手轮 3. 副锯片升降手轮 4. 副锯架 5. 副锯片 6. 弹簧
7、16、26. 连杆 8. 主锯架 9. 主锯片 10、21. 丝杆 11. 半圆形滑块 12. 主电动机支座
13. 主电动机 14. 锯座板 15. 塔轮 17、22. 螺母 18. 副电机支座 19. 床身半圆形导轨
20. 压轮 23. (丝杆) 支座 24. 锥齿轮 25. 调节锯座倾斜手轮

振措施，尽量减小锯片的抖动，以确保工件加工后的表面光滑平整。为防止纵锯时产生夹锯，在主锯片的后面常带有分离用劈刀。

②副锯片及其调节机构：副锯片 5 又称划线锯片，装于可绕锯座板 a 点摆动的副锯架 4 上，用手轮 3 作升降调节。弹簧 6 用于消除螺杆副一侧的间隙，确保副锯片顺利调整和工作平稳。副锯片仅作预裁口用，通常仅高出工作台面 1~3 mm，采用顺向锯切，在主锯片锯切之前先在工件底面锯出一口子，以免在主锯片切出处造成工件底面起毛。副锯片直径较小，通常在 120 mm 左右，由单独电动机 1 经高速锦纶皮带升速至 56~60 m/s，副锯片可以采用单片或两片对合间距可调的形式，其厚度应与主锯片相等或略厚 (一般 0.05~0.2 mm)，并要与主锯片对齐在同一平面内，副锯片的传动皮带靠电动机 1 及其支座 18 的自重张紧。主、副锯片的间距一般为 100 mm 左右。

③锯座及其调节机构：如图 6-2 (b)，锯座由锯座板 14 和固定在其两头的半圆形滑块 11 等组成。滑块 11 卡在床身的半圆形导轨 19 中，并由压轮 20 使其贴紧。操纵手轮 25，通过锥齿轮 24、丝杆 21、螺母 22、连杆 26，使锯座滑块在床身半圆形导轨内滑动，从而使整个锯座包括安置其上的主、副锯片一起可在 0°~45° 范围内做倾斜调整。

（3）移动工作台

移动工作台主要由双滚轮式移动滑台、横向滑台和支撑臂等组成（图6-1之7、9、10）。这部分是机床的进给机构。滑台及安置其上的靠板（图6-1之8）是被锯切板材的定位基面。滑台移动时的运动精度是保证锯板质量的关键。因此，要求滑台导轨4，支承座导轨8有较高的平直度，以保证加工质量。一般在精密的带移动工作台锯板机上做纵向锯切时，每2 m切割长度上，锯切面的直线度可达±0.2 mm（国家标准规定每1 m长度上为±0.15 mm）。

①双滚轮式移动滑台：其结构通常有两种形式。图6-3（a）所示为普通型，即机床锯片只能处于垂直位置，不倾斜调节；图6-3（b）所示则为锯片倾斜型，用于锯轴需作0°~45°范围内倾斜调节的锯板机。两者结构相似，仅剖面形状不同。支承座6固定于机床床身，大多采用铝型材，既可保证强度又可减轻重量。普通型为矩形断面，可倾型则为矩形与三角形的组合，支承座上置有三角形导轨8。移动滑台2大多采用耐磨铝合金异型材制成，重量轻；其可倾型截面较为复杂，为Ⅱ型与三角形组合结构，既能保证强度，又可为锯片的倾斜留有足够的空间。滑台下置有三角形导轨4，导轨4、8常用耐磨夹布酚醛塑料制造，耐磨性好且噪声小。其间为双滚轮3，它直径较大，加之滑台又轻，故其空载推力小。为减小支座的长度，双滚轮式滑台采用了行程扩大机构。如图6-4所示，推动滑台1，双滚轮2在支座3的导轨上每向前滚动一周（πd）时，滑台1前移距离加倍（$2\pi d$），这可使支座长度大为缩短。

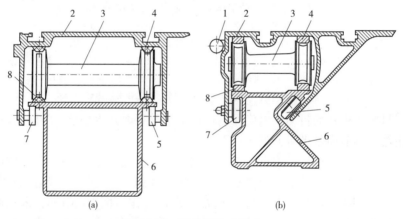

图6-3 双滚轮移动滑台

（a）普通型 （b）锯片可倾斜型

1. 圆导轨 2. 滑台 3. 双滚轮 4. 滑台导轨 5、7. 压轮 6. 支承座 8. 支承座导轨

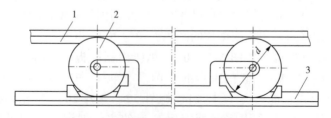

图6-4 双滚轮移动滑台行程放大机构

1. 移动滑台 2. 双滚轮 3. 支承座

②横向滑台：用于横截、斜切和较大幅面板材的锯切，其靠床身一侧由安装在双滚轮移动滑台上的圆导轨 1（图 6-3）支撑；另一侧面则由可绕床身支座转动的可伸缩支撑臂（图 6-1 之 10）支撑。横向滑台大多采用型材焊接而成，轻巧可靠，上设可调成一定角度的靠板（图 6-1 之 8）和若干挡板（图 6-1 之 11），以满足工件定位的需要。精密锯板机在直角锯切时，每 1000 mm 锯切长度上锯切面对基准面的垂直度可达±0.2 mm。

③支撑臂：图 6-5 所示为可伸缩支撑臂的示意图。伸缩臂 3 套装在旋转臂 2 中，由四个滚轮 4 导向，各滚轮上均覆盖有尼龙，保证伸缩臂移动轻松、方便、无噪声且寿命长。旋转臂与床身为铰销连接，能绕销轴 1 摆动，丝杆 6 通过螺母支撑横向滑台，并可起调平作用。

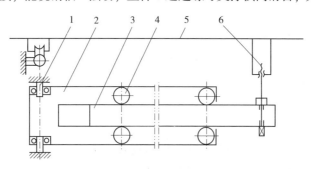

图 6-5 可伸缩支撑臂示意图
1. 销轴 2. 旋转臂 3. 伸缩臂 4. 滚轮 5. 横向滑台台面 6. 丝杆

（4）防护和排屑装置

锯片上部常设有防护装置，罩住锯片露出工作台面的部分，以防止事故。简单的防护罩仅罩住锯片上部的不切削部分，较为完善者常做成带压紧滚轮、能给工件以适当压力的封闭型防护装置，如图 6-1 之 5 所示。机床的床身上都设有排屑口，通过管道可以接到车间的吸尘系统或单独设置的吸尘器上。有的机床在锯片防护罩上部也设置排屑口，并用管道接入吸尘系统，使机床除尘效果更好。

四、实验内容

（1）带移动工作台木工锯板机的用途。
（2）带移动工作台木工锯板机的结构组成及各部分的作用。
（3）锯切机构的主、副锯片的直径、旋转方向及各自的作用。
（4）锯切机构的主、副锯片的升降调节。
（5）锯切机构锯座的倾斜调节。
（6）主锯片锯轴的驱动机构与调速。
（7）副锯片锯轴的驱动机构。
（8）主、副锯片的安装、拆卸。
（9）主、副锯片共面的调节。
（10）固定工作台上纵向导尺与圆锯片之间距离的调整与固定。
（11）移动工作台的材料、截面结构、移动与位置固定方式。

（12）移动工作台的滚轮与导轨。
（13）移动工作台上横向滑台的位置调整与固定。
（14）横向滑台上靠板的角度调节、挡块的位置调节。
（15）横向滑台支撑臂的结构。
（16）移动工作台上横向导尺角度的调整与固定。
（17）主、副锯片的启动、停止操作。
（18）带移动工作台木工锯板机危险区域的分析与避让。
（19）运用带移动工作台木工锯板机对人造板、实木板材进行纵向锯解、横向截断、倾斜侧面锯切、横向角度锯切等基本锯切加工。
（20）锯切表面质量的观察与评述。
（21）纵向锯切时，锯切面直线度的测量。
（22）直角锯切时，锯切面对基准面的垂直度测量。

五、实验报告

（1）带移动工作台木工锯板机应用于哪些场合？
（2）带移动工作台木工锯板机的主要结构组成有哪些？
（3）结合图示说明带移动工作台木工锯板机为什么需要采用主、副两只锯片进行锯切？
（4）带移动工作台木工锯板机的移动工作台的结构有何特点？
（5）如何更换圆锯片？如何调整主、副锯片与锯片对齐在同一平面内？
（6）如何调整锯片的升降？
（7）如何调整圆锯片与工作台的倾斜角度？
（8）固定工作台面上的纵向导板有何作用？如何调整？
（9）移动工作台上的横向滑台有何作用？如何调整？
（10）锯轴如何驱动？画出主传动链图。
（11）分析带移动工作台木工锯板机锯切表面质量，以及纵向锯切时的直线度以及直角锯切时的垂直度。

实验 7 木工平刨床

一、实验目的与要求

通过本实验，掌握木工平刨床的用途、结构组成与工作原理，了解其主要技术参数，学会使用与调整平刨床，熟悉平刨床操作调整注意事项，能够分析平刨床加工表面质量的影响因素，了解木工平刨床日常管理与维护方法。

二、实验设备

MB503 型平刨床。

三、相关知识概述

1. 用途

木工平刨床最主要的功能是对工件进行平面刨削,使其成为后继工序所要求的平整的基准面;也可以用于加工与基准平面成 90°~135°的邻面;还可以用作实木拼缝、组件修正等加工。

2. MB503 型木工平刨床

MB503 型木工平刨床主要结构包括床身、刀轴、刀轴传动机构、前工作台、后工作台、前后工作台的升降调节机构、导向板、防护装置等,如图 7-1 所示。

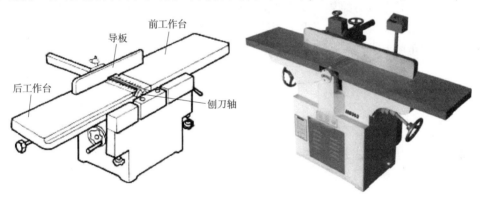

图 7-1 木工平刨床

主要技术参数:最大刨削宽度为 300 mm;最大刨削深度为 5 mm;前后工作台总长度为 1600 mm;工作台零切削位置开口量为 50 mm;切削圆直径为 115 mm;刀片数量为 3 片;刀轴转速约为 5000 r/min;电动机功率为 3 kW。

刨刀轴上安装有 3 只刨刀片,刀刃处于同一圆周上,该圆称为切削圆,刨刀轴通过轴承和轴承座安装在床身上,高度位置固定,由电动机通过皮带传动驱动。

在刨刀轴的前后两侧分别安装前、后工作台,工作台对工件起到支撑作用,也是被刨削工件的基准,应具有足够的刚度,表面要求平直光滑。前工作台对毛料获得精确的平面影响较大,所以其长度比后工作台要长。前后工作台靠近刀轴的端部各镶有一块镶板,被称作梳形板,其作用是减小前后工作台与刀轴之间的缝隙,同时又可以加速刀轴扰动空气的流通,降低空气动力性噪音。镶板应具有一定的刚度,并经过精加工,支持毛料通过刀轴,防止木材工件撕裂。

木工平刨床的调整主要是调整前后工作台高度。工作台通过斜导轨和丝杆机构进行高度的调节，以刨刀轴切削圆上母线为基准调节工作台的高度，后工作台的台面在理论上应与刨刀轴切削圆上母线等高，但生产中最好调整到比刀轴切削圆母线略低的位置，一般约低于刀轴切削圆母线 0.04 mm，以补偿木材工件切削加工后的弹性恢复。而前工作台要比刀轴切削圆母线低，低的量就是一次铣削的厚度值，如图 7-2 所示。

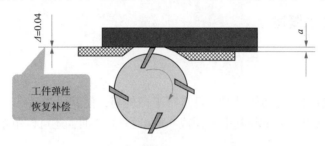

图 7-2　平刨床工作台调整示意图

导向板用于引导工件进给，通常导向板的工作面与工作台面保持垂直，以保证被加工面与相邻面之间的垂直要求。根据工件宽度的不同，导向板在工作台横向可水平移动。由于工件并不总是与平刨床的工作宽度相当，在加工较窄工件时，导向板的横向移动可避免工件总是在刨刀的某一段位置上进行切削，从而提高刨刀轴的利用率。

导向板的水平位置移动采用手工调整。平刨床的导向板还可 0°～45°倾斜调整，以满足相邻面间的角度要求。

四、实验内容

（1）木工平刨床的用途。
（2）木工平刨床的主要结构组成。
（3）木工平刨床刨刀轴的结构、刀片的安装方式与要求。
（4）刨刀轴的安装方式及驱动方式。
（5）工作台的作用及其要求。
（6）工作台高度调整的调整要求。
（7）工作台的高度调整机构。
（8）导板的作用。
（9）导板的调整方式。
（10）木工平刨床的加工操作。
（11）木工平刨床加工质量评述。

五、实验报告

（1）木工平刨床的主要用途是什么？
（2）木工平刨床的主要结构组成有哪些？
（3）用简图表示刨刀轴的结构形式及其刀片的安装方式。

(4) 刨刀轴如何驱动？画出传动链图。
(5) 工作台面的高度如何调节？有什么要求？
(6) 工作台上靠近刀轴端部的镶板的结构形式及其作用是什么？
(7) 导向板有何作用？如何调整？
(8) 木工平刨床使用时的注意事项有哪些？
(9) 结合木材铣削加工的理论知识，分析木工平刨床加工质量的影响因素。

实验 8　单面木工压刨床

一、实验目的与要求

通过本实验，掌握单面木工压刨床的用途、结构组成与工作原理，了解其主要技术参数，学会使用与调整木工压刨床，熟悉木工压刨床操作调整的注意事项，能够分析木工压刨床加工表面质量的影响因素，了解木工压刨床日常管理与维护方法等。

二、实验设备

(1) MB106D 型单面压刨床。
(2) DEWALT DW735 型台式压刨床。

三、相关知识概述

1. 木工压刨床的用途

单面木工压刨床主要用于刨削板材和方材，使其获得精确的厚度。压刨床的加工特点是被加工平面是加工基准面的相对面。木工压刨床以最大加工宽度作为主参数。木工压刨床应用广泛，中小型的压刨床适用于中小批量的生产，大型的压刨床适用于大批量的生产。

2. 木工压刨床的工作原理

单面木工压刨床属于自动进料的机床，其工作原理如图 8-1 所示。

工作台 2 是工件 3 加工时的基准，其上设有两个支承托辊 1，分别位于刀轴 6 中心线的两侧，它通常是不带动力的空转辊，适当高出工作台面，以减少工件和工作台面间的摩擦阻力。在与支承托辊 1 位置相对应的上方设有前进给辊 8、后进给辊 4，它们带有动力，在弹簧的作用下压向工件 3，并可带动工件实现进给运动。通常前进给辊带有沟槽，以增大其对工件的咬合系数，从而增大牵引能力；后进给辊则与已加工表面接触，故要求表面光滑。刀轴6是切削机构，刨切深度一般控制在1~5 mm，正常情况取2~3 mm，切削深度的大小对工件厚度尺寸精度影响很大。刀轴前后分别设有前压紧器7、后压紧器5，靠弹簧和自重作用向工件施加一定的压紧力，以抵消切削时切削力的垂直分力，保证工件在切削过程中不产生跳动。前压紧器还具有断屑作用，可使切屑迅速折断，防止切削时产生超前裂缝。同时它与排屑罩一起引导切屑朝预定的后上方排出，起切削刀轴的护罩作用。经过专门设计，后压紧器5还能防止切屑从上面落到后压紧器5和后进给辊4之间的已加工表面上，否则，切屑会经后进给辊4在已加上表面上压出痕迹，影响加工表面质量。止逆器9可防止工件在切削过程中产生反弹伤人。挡板10可防止加工余量过大的工件进入机床，起限制切削深度h的作用。为了适应所需工件厚度H的变化，机床一般用调节工作台高度的方法来改变工作台面至刀轴切削圆下母线的间距。特殊场合也可让工作台固定，采用升降刀轴的方法来实现。

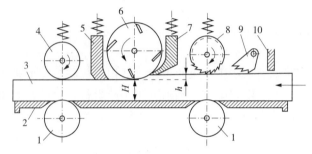

图8-1 单面压刨床的工作原理图

1. 支承托辊　2. 工作台　3. 工件　4. 后进给辊　5. 后压紧器　6. 刀轴
7. 前压紧器　8. 前进给辊　9. 止逆器　10. 挡板

3. MB106D型单面压刨床

MB106D型单面木工压刨床主要由床身6、切削机构8、压紧装置、进给机构7和9、工作台及其升降机构，以及操作和传动机构组成，如图8-2所示。图8-3所示是其采用的止逆器、刀轴、前后压紧器和前后进给滚筒组合的结构图。

主要技术参数：最大刨削宽度为630 mm；加工厚度为5~240 mm；最小加工工件长度为280 mm；最大刨削量为10 mm；进给速度为7、10、14、20 m/min；刀轴切削圆直径为118 mm；刀轴转速为5330 r/min；主电机功率为7.5 kW；进给电机功率为1.7 kW。

如图8-3所示，刀轴8的外形为圆柱形，与平刨床刀轴相似，装有4把刀片，由主电动机通过带传动17驱动。刀轴经过动平衡处理，刀片、压刀条和压刀螺钉都应经过称重配对，使用过程中不得随意调换。

进给机构为滚筒式，其布局如图8-3所示，采用了1个前进给辊和2个后进给辊。前进给辊采用弹性分段式结构，如图8-4所示。进给辊传动轴1的轴心线位置固定不变，轴和进给辊外环之间设有弹性元件2，允许元件1、3之间有适当的径向移动，保证两者在不完全同心的条件下仍能由轴1带动外环3做回转运动，从而使加工余量差值较大的数件毛料仍能实现同时进给。后进给辊采用整体式结构。

实验 8 单面木工压刨床

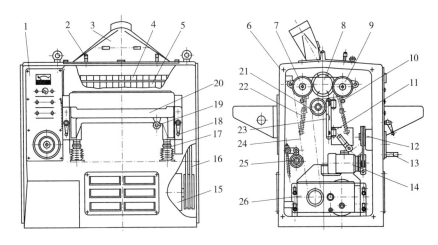

图 8-2　MB106D 单面木工压刨床

1. 按钮板　2. 防护罩抬起手柄　3. 排屑罩　4. 前压紧器　5. 止逆器　6. 床身　7. 后进给辊　8. 刀轴
9. 前进给辊　10. 托辊　11. 工作台限位开关　12. 齿轮箱　13. 工作台升降手轮　14. 工作台升降电机
15. 主电动机　16. 三角带传动　17. 工作台升降丝杆　18. 工作台锁紧手柄　19. 托辊调整手轮　20. 工作台
21. 导轮　22. 进给滚筒弹簧压紧机构　23. 工作台升降限位开关挡块　24. 链传动　25. 张紧链轮
26. 进给电机和减速箱

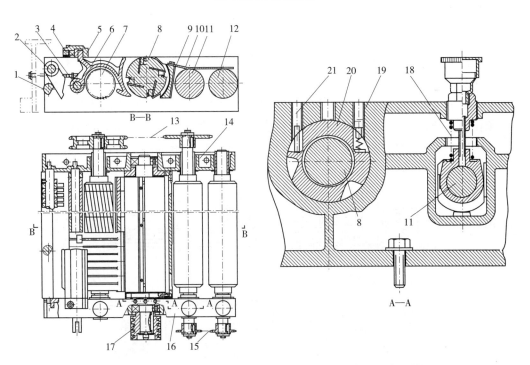

图 8-3　MB106D 型单面压刨床刀轴、进给辊、压紧器组合结构图

1. 止逆器挡杆　2. 止逆器　3. 支轴　4. 调压螺钉　5. 限位板　6. 前压紧器压板　7. 前进给辊　8. 刀轴
9. 后压紧器压板　10. 橡皮挡板　11、12. 后进给辊　13、15. 链传动　14、16. 左右座板　17. 带传动
18. 进给辊压紧弹簧　19. 调节螺钉　20. 后压紧器支座　21. 限位螺钉

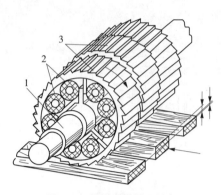 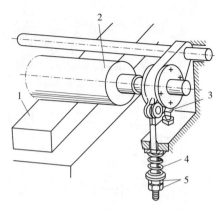

图 8-4 分段式弹性进给辊　　　　图 8-5 进给辊加工机构
1. 进给辊传动轴　2. 弹性元件　3. 进给辊外环　　1. 工件　2. 进给辊　3. 调位螺钉　4. 弹簧　5. 调压螺母

前、后进给辊都采用压紧弹簧下置方式加压，如图 8-5 所示。拧动螺母 5，调节弹簧 4 的预压缩量即可调节进给辊 2 对工件 1 所施加的压力，螺钉 3 用于控制进给辊的初始位置。

前、后压紧器分别安置在刀轴的前后两侧。前压紧器采用分段式结构，如图 8-3 所示，由宽度与分段式前进给辊的外环宽度一致的分段小压板 6 组合而成，小压板宽度为 45 mm，每个小压板都可以单独绕轴 3 摆动，并由各自的弹簧压紧，其压力可由螺钉 4 调节，这种结构能适应多个厚度稍有差异的毛料同时进给，初始位置由限位板 5 控制。后压紧器用于压紧已加工表面，故均做成整体式结构。

工作台宽度与最大加工宽度相适应，为 600 mm。沿工作台长度方向的两侧设有挡板，以防工件跑偏卡住。根据图 8-2 所示，工作台设有能沿垂直导轨调节的丝杆螺母升降机构，采用了双丝杆形式。通过手轮、链传动、丝杆螺母机构实现工作台的升降调节。

工作台上开有设置托辊的长方形槽，托辊上母线高出工作台面的距离是可调节的，MB106D 型单面压刨床采用摆臂—偏心套机构实现托辊高度的调节，如图 8-6 所示。拧动手轮 1，丝杆 2 回转，使螺母拨叉 4 产生轴向移动，拨叉可使连杆 5 产生平面运动，

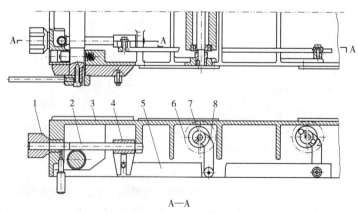

图 8-6 托辊高度调节结构
1. 手轮　2. 丝杆　3. 工作台　4. 螺母拨叉　5. 连杆
6. 托辊　7. 偏心套　8. 摆臂

带动摆臂 8，使托辊支座处与带动臂 8 固定连接的偏心套 7 绕中心 O_1 回转，托辊 6 的中心 O_2 随之起落，从而实现托辊高度位置的调整。

MB106D 型单面压刨床的传动原理如图 8-7 所示。主运动由电动机 3 经带传动 2 带动刀轴 1 回转。进给运动由电动机 13 经齿轮箱 14 减速，再由链传动带动前、后进给辊。进给速度可通过变频实现无级变速。工作台升降调整运动由电动机 7 经带传动 8、齿轮箱传动 9 及链传动 10 再经蜗轮蜗杆副 5 减速，由丝杆螺母副 4 使工作台 12 实现升降，如需手工精调，则可推手轮 6、压缩弹簧并使手轮末端的齿轮来驱动工作台运动。

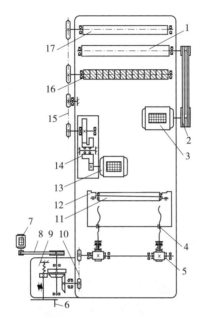

图 8-7　MB106D 型单面木工压刨床传动系统图

1. 刀轴　2、8. 带传动　3. 主电机　4. 丝杆螺母副　5. 蜗轮蜗杆副　6. 工作台升降手轮
7. 工作台升降电动机　9、14. 齿轮箱　10、15. 链传动　11. 托辊　12. 工作台
13. 进给电动机　16. 前进给辊　17. 后进给辊

单面压刨床的调整主要包括以下几个方面：

①刀片安装及其伸出量的调节：刀片伸出量一般为 1.1 mm，安装调整时应保证各刀片刃口在同一圆周上，通常利用对刀器进行调整。

②压紧器和进给辊相对于刀轴位置的调整：前后压紧器和进给辊相对于刀轴切削圆下母线的高度位置如图 8-8 所示。

③进给辊和压紧器压力的调节：可利用测力仪或通过对工件试切的方法来调整其弹簧的预紧力。

④托辊相对于工作台面高度的调节：通常托辊上母线高出工作台面 0.2～0.3 mm，可随材种和工件厚度的不同，通过试切适当调整。

⑤工作台高度位置的调整：可利用带指示器的内径量表或用样板进行调整，也可利用标尺通过试刀进行调整。当需增大刀轴与工作台面的间距时，应先下降工作台，再慢

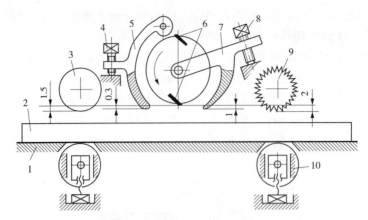

图 8-8 压紧器和进给辊调整图
1. 工作台 2. 工件 3. 后进给辊 4. 后压紧器调位螺钉 5. 后压紧器
6. 刀片 7. 前压紧器 8. 前压紧器调位螺钉 9. 前进给辊 10. 托辊

慢升至所需的高度位置,这样可以消除丝杆与螺母之间的间隙,保证工作台工作时的平稳性。

4. DEWALT DW735 型台式压刨床

DEWALT DW735 型台式压刨床由美国史丹利公司生产,用于木板的定厚刨削加工,如图 8-9 所示。主要技术参数:最大刨削加工宽度为 330 mm,工件最大高度为 152 mm,刀轴转速为 10000 r/min,进给速度为(两档):4.3 m/min、7.0 m/min;刨削深度为 3.2 mm。

图 8-9 DEWALT DW735 型台式压刨床外观图

该机采用工作台固定,利用切削机构作升降调节来适应工件厚度变化的要求。可升降的上机架组件集成了刀轴、进给机构、压紧器、止逆器、除尘装置等,其布局与图 8-1 类似。上机架组件由四根固定的螺杆支撑,通过上机架组件中的螺母与之配合,实现上机架组件的升降。刀轴上装有 3 把刀片,刀片上有定位孔,安装方便。

启动和停止机床时,分别通过拉起和压下开关板实现。

工件刨削后的厚度通过调节上机架高度实现,而上机架的高度调节通过机床右侧的调节手轮实现,如图 8-10 所示。在机床的前面的右侧有标尺(N)用于指示刨削后工件的厚度。手轮转一圈，上机架升降（即刀轴升降）1.6 mm。手轮顺时针转动刀轴下降，手轮逆时针转动刀轴上升。

该刨床上还设置有材料切除深度量规，如图 8-11 中的 O，用来指示上机架组件在当前高度位置时工件一次通过所切除的铣削深度。使用材料切除深度量规时，按以下步骤操作：

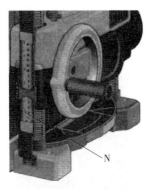
图 8-10　工件厚度调节

图 8-11　切削深度量规

① 将工件在上机架组件的下方向前滑行约 75 mm。
② 注意工件应平放在工作台上，如果工件以一定的倾角插入，则读数不准确。
③ 旋转手轮将上机架组件向下调节，直到材料切除压尺检测到木材为止。在此过程中，可以看到红色指针向上移动到某一刻度位置，此时的读数就是工件即将被切除的深度。
④ 调节上机架组件的高度直到理想的切削深度位置。
⑤ 从上机架组件下方拉出工件。
⑥ 按下启动电源开关，向切削头方向进给工件。

注意：不要超出推荐的切削深度。必须在关机状态下，进行切削深度调节，否则可能会引起伤害。

该刨床具有两挡进给速度可选，如图 8-12 之 P 所示，针对不同的材料，选择不同的进给速度，以获得最佳的表面质量。注意，只有在刨床运行时才能进行进给速度调节。快速切削时，设置进给速度为"2"挡，此时工件每进给 1 in*，被切削 96 次。在最后一道精加工时，将进给速度设置为"1"挡，以便获得理想的加工质量。另外，在切削硬质木材时，推荐采用"1"挡速度，此时工件每进给 1 in，被切削 179 次。进给速度慢，可以减少刀具的磨损和木质材料的撕裂。

该刨床设置有风扇辅助型切屑喷射系统，该喷射系统需与独立的除尘系统连接。

该刨床还设有一个轮式厚度规用于在预设厚度下重复刨削，以保证工件厚度的一致性。预设的厚度规格有 6 种：3 mm、6.5 mm、12.5 mm、19 mm、25.5 mm、32 mm。如

---

* 1 in = 2.54 cm

图 8-13 之 Q 所示。注意不要使劲调节转动手轮以试图将上机架组件调节低于厚度规所指示的值，否则会对高度调节系统造成永久的损坏。

采用轮式厚度规时的步骤：

①在设置轮式厚度规之前应先将上机架组件调整到 32 mm 以上。

②旋转左前方的数字轮直到想要的厚度值与红色指针对齐，然后降低上机架组件。

③按理想的铣削深度刨削工件直到获得最后的厚度值。

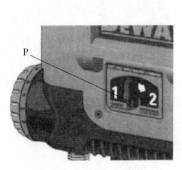
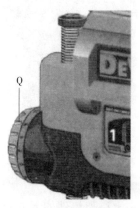

图 8-12　进给速度调节　　　图 8-13　轮式刨削厚度规

四、实验内容

（1）木工压刨床的用途。

（2）木工压刨床的基本工作原理。

（3）MB106D 型单面木工压刨床的主要结构组成。

（4）MB106D 型单面木工压刨床刨刀轴的结构、刀片的安装方式与要求。

（5）MB106D 型单面木工压刨床刨刀轴的安装方式及驱动方式。

（6）MB106D 型单面木工压刨床工作台的作用及其升降调节机构。

（7）MB106D 型单面木工压刨床工作台上托辊的作用及其调节机构。

（8）MB106D 型单面木工压刨床进给机构的传动系统，前、后进给辊的要求与结构特点。

（9）MB106D 型单面木工压刨床前、后压紧器的作用、要求与结构特点。

（10）DEWALT DW735 型台式压刨床的结构组成。

（11）DEWALT DW735 型台式压刨床的上机架组件的高度调整。

（12）DEWALT DW735 型台式压刨床铣削深度调节。

（13）DEWALT DW735 型台式压刨床加工预设厚度的调整。

（14）DEWALT DW735 型台式压刨床进给速度的调整。

（15）DEWALT DW735 型台式压刨床切屑除尘系统。

（16）木工单面压刨床进料端的止逆器的作用及结构。

（17）MB106D 型单面木工压刨床的加工操作。

（18）DEWALT DW735 型台式压刨床的加工操作。
（19）木工平刨床加工质量评述。

五、实验报告

（1）木工压刨床的用途及其应用场合有哪些？
（2）结合图示说明木工压刨床的工作原理。
（3）MB106D 型单面木工压刨床的主要结构组成有哪些？
（4）用简图表示 MB106D 型单面木工压刨床刨刀轴的结构形式及其刀片的安装方式。
（5）MB106D 型单面木工压刨床刨刀轴如何驱动？画出传动链图。
（6）MB106D 型单面木工压刨床工作台面的高度如何调节？有什么要求？工作台上托辊的作用及其调节方式？
（7）MB106D 型单面木工压刨床前、后压紧器有何作用？结构上有何特点？如何调节压紧器的高度和压力？
（8）DEWALT DW735 型台式压刨床的结构组成有哪些？结构上与 MB106D 型单面木工压刨床有何区别？
（9）DEWALT DW735 型台式压刨床加工工件厚度如何控制？每次铣削深度如何调节？
（10）木工压刨床的进给速度对铣削加工表面质量有何影响？如何根据木质材料的特性和加工质量要求选择进给速度？
（11）木工压刨床使用时的注意事项有哪些？

实验 9　平压两用木工刨床

一、实验目的与要求

通过本实验，掌握平压两用木工刨床的用途、结构组成与工作原理，了解其主要技术参数，学会使用与调整平压两用木工刨床，熟悉平压两用木工刨床操作调整注意事项，能够分析平压两用木工刨床加工表面质量的影响因素，了解其日常管理与维护方法等。

二、实验设备

WOODFAST PT260 型平压两用刨床。

三、相关知识概述

平压两用木工刨床只有一个刨刀轴，但具有平刨和压刨两种功能，既可以作为平刨床又可以作为压刨床。可以先采用平刨的功能将工件加工出基准面，然后再采用压刨的功能对工件进行定厚加工，能够实现"一机两用"，适用于中小批量的生产。

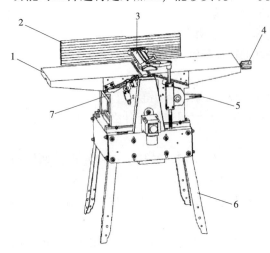

图 9-1　平压两用木工刨床
1. 平刨后工作台　2. 纵向导板　3. 刀轴防护盖板
4. 平刨前工作台及高度调节手柄　5. 刀轴防护盖板
高度调节手柄　6. 机架　7. 压刨工作台

平压两用木工刨床如图 9-1 所示，主要由床身、刨刀轴、平刨的前后工作台、平刨前工作台高度调节机构、平刨工作台上的侧向导板、刨刀轴防护盖板及其调节机构、压刨工作台及其升降调节机构、压刨进给机构等组成。刀轴高度位置固定，刀轴由电机通过皮带传动驱动。平刨后工作台的高度固定，不可调整，其表面与刀轴上母线等高。压刨进给辊由刀轴电动机通过链传动驱动。

主要技术参数：平刨最大加工宽度为 260 mm；压刨最大加工宽度为 258 mm；压刨最大加工厚度为 160 mm；刀轴转速为 4500 r/min；刀轴直径为 63 mm；压刨进给速度为 5 m/min。

作为平刨床使用时，前工作台的高度通过斜导轨和丝杆机构调节；导向板可调整成与工作台垂直的状态，也可以在 0°~45°范围内调节成倾斜状态。防护盖板的调整包括高度调节和水平位置调节。

刨削基准面时，把木料放置到前工作台上，用左手调节刨刀防护盖板的高度（木料与刨刀轴防护盖板应保持合适的距离）。启动机器，并平稳缓慢地将木料通过刨刀。当使用纵向导板时，需松开刨刀轴防护盖板的锁紧把手，并移动刨刀轴防护盖板的端部至纵向导板的距离（刨刀轴露出的部分）比木料宽度稍大一点后锁紧。启动机器，将木料平缓穿过刨刀轴。在运行时必须设置物料挡板为 90°垂直，并且木料紧贴物料挡板。如图 9-2 所示。

作为压刨床使用时，卸下平刨床的后工作台，并侧向翻转平刨床前工作台，再翻转吸尘罩，然后调整压刨床工作台的高度。如图 9-3 所示。

四、实验内容

（1）平压两用木工刨床的用途。
（2）平压两用木工刨床的主要结构组成。
（3）刀轴的驱动方式。

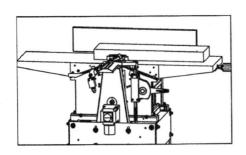

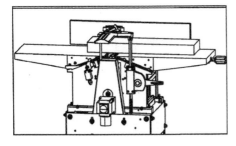

图 9-2 使用平刨功能

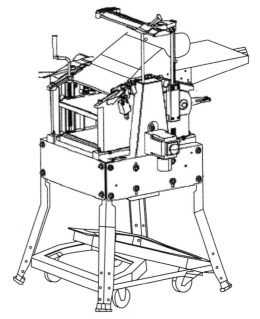

图 9-3 使用压刨功能

(4) 平刨的前工作台、后工作台的安装方式及其调整。
(5) 平刨的后工作台的拆卸。
(6) 刀轴防护盖板的垂直位置、水平位置调整。
(7) 吸尘罩的翻转操作。
(8) 压刨进给机构的传动方式及进给滚筒的结构。
(9) 压刨工作台的升降调整。
(10) 压刨止逆器的结构。
(11) 使用机床的平刨功能进行基准面加工操作。
(12) 使用机床的压刨功能进行定厚加工操作。

五、实验报告

(1) 平压两用木工刨床的用途及其应用场合有哪些？
(2) 结合图示说明平压两用木工刨床的主要结构组成有哪些？
(3) 绘制平压两用木工刨床的主传动和进给传动系统图。
(4) 绘制平刨前工作台高度调节机构原理图。
(5) 绘制 WOODFAST PT260 型平压两用刨床的压刨工作台升降调节机构原理图，并与 DW735 型台式压刨上机架组件的升降调节结构进行比较。
(6) WOODFAST PT260 型平压两用刨床作为压刨床加工时，加工工件厚度如何控制？
(7) 总结平压两用木工刨床的使用注意事项。

实验 10 立式下轴木工铣床

一、实验目的与要求

通过本实验,掌握立式下轴木工铣床的用途、结构组成与工作原理,了解其主要技术参数,学会使用与调整立式下轴木工铣床,了解其日常管理与维护方法。

二、实验设备

(1) MX5112 型单轴木工铣床。
(2) MX5117T 型单轴木工铣床。

三、相关知识概述

1. 立式下轴木工铣床的用途

立式下轴木工铣床主要用于工件各种沟槽、平面和曲线轮廓仿形加工,板材、方材的端头开榫,拼板的槽、簧加工,木框外缘型面加工等。图 10-1 所示为手工进给下轴木工铣床仿形加工示意图。

2. MX5112 型木工铣床

MX5112 型木工铣床的外观如图 10-2 所示,主要由床身、固定工作台、移动工作台、主轴部件、主轴升降与倾斜调节机构、导板等组成。

主要技术参数:最大铣削厚度为 120 mm;工作台幅面为 1120 mm×900 mm;主轴转速为 6000 r/min、10000 r/min;主电机功率为 4 kW;主轴可倾斜角度为 0°~45°。

如图 10-3 所示,床身 1 是用铸铁制成的整体箱式结构。床身内部布置着适宜的筋板,使它具有足够的强度和刚度。铣床的所有零部件都安装在床身上。工作台 2 为整体铸铁矩形平板。被加工零件的各种沟槽、平面、曲面都在此工作台上进行加工,为此工作台表面必须精密加工,其平面度要求在 1 m 长度上允差为 0.02 mm。工作台的背面设有加强筋,使其强度和刚度都得到了保证。工作台用四个螺钉装在床身上,它们的相对位置是不能调整的。台面上装有导板 10,安全护罩 11,用作调整铣削深度并兼作木屑吸出器,台面上还装有带可拆卸轴承的主轴支架 9,轴承套装于主轴伸出的套装柄上端,使主轴能够承受较大的侧向压力,供重型加工用。床身上部与工作台中心相对应处开有圆孔，以便主轴套装柄 8 伸出于工作台面上。由于主轴倾斜时所占空间较大，因此固定工作台中央开孔亦应加大，并设置一些活动套圈，以便根据刀具所占空间选用。

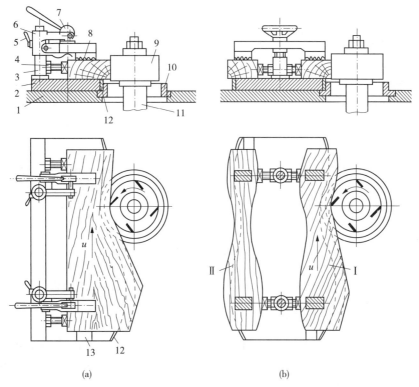

图 10-1　手工进给下轴木工铣床的仿形加工

（a）单边仿形加工　（b）两边仿形加工

1. 工作台　2. 夹具底板　3. 立柱　4. 定位螺栓　5. 锁紧手柄　6. 横臂　7. 偏心压紧器
8. 压紧块　9. 铣刀　10. 靠模环　11. 主轴　12. 钢带　13. 定位挡块　Ⅰ、Ⅱ. 靠模仿形曲线轮廓

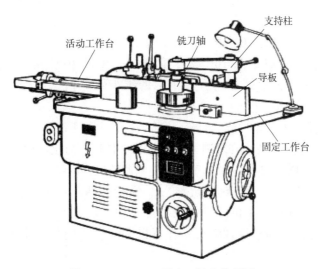

图 10-2　MX5112 型木工铣床外观图

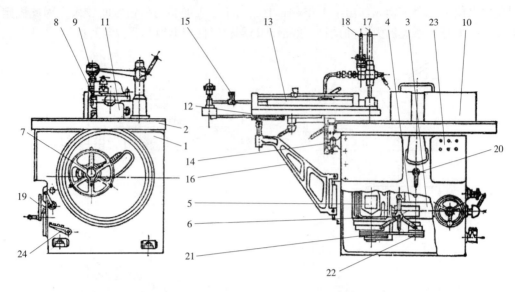

图 10-3　MX5112 型木工铣床结构简图

1. 床身　2. 工作台　3. 主轴　4. 主轴套筒　5. 电动机　6. 皮带张紧机构　7. 主轴升降机构　8. 主轴套装柄
9. 主轴支架　10. 工作台导板　11. 安全护罩　12. 活动工作台　13. 靠板　14. 导轨　15. 限位器
16. 托架　17. 偏心夹紧器　18. 侧向夹紧器　19. 主轴倾斜装置　20. 主轴止动机构
21、22. 塔轮　23. 电气按钮　24. 刹车踏板

主轴的结构如图 10-4 所示，主轴由套装柄和主轴 13 组合而成，采用对心性较好的锥孔配合（莫氏锥度 5 号）。差动螺母 10 将套装柄和主轴紧固连成一体，易于拆卸和更换。铣刀等刀具安装在套装柄上。差动螺母与铣刀轴相配合的螺纹 M_1 为 M56×2，与主轴相配的螺纹 M_2 为 M60×4。故每拧紧一圈铣刀轴要往锥孔中前进 2 mm。主轴上部的向心推力球轴承 6，既承受径向力又承受主轴及其附件的自重和工作时的轴向分力。由于该主轴需做倾斜调节，且采用三角皮带传动、塔轮变速，因此主电动机 18 必须随主轴套筒 12 一起升降或倾斜，两者是通过支座 15、导杆齿条 16 以及电机底板 17 而联系在一起的。导杆齿条 16 和齿轮轴 21 啮合，扳动手柄 14，转动齿轮轴 21，推动导杆齿条 16 运动，使传动三角带 20 张紧，并用手柄 22 锁紧。主轴套筒 12 外圆上的梯形螺纹与升降机构的锥齿轮上内梯形螺纹相吻合，并靠此螺纹支撑和升降调整。

为防止主轴套筒 12 升降时产生回转，套筒 12 上开有几条槽，如 A—A 剖面中所示。槽 B 用于导向，槽 C 用于主轴升降锁紧。主轴上的槽 E 可与止动销相配。

图 10-5 所示为 MX5112 型单轴木工铣床主轴调整机构的结构图。

上下轴套座 4 和 1 之间装有大锥齿轮 3，它能在两座内回转，但不能轴向移动，其内螺纹孔与主轴套筒 22 上的 T 形螺纹相配。因此转动手轮 15 使小锥齿轮 6 带动大锥齿轮 3 回转时，主轴套筒像螺杆一样可以升降。导向块 2 卡入主轴套筒相应的槽（图 10-4 中槽 B）内，以防止其随大锥齿轮 3 一起回转。上、下轴套座 4 和 1 两端的内孔 D_1 和 D_2 在主轴套筒升降时起导向作用。转动手柄 16 可使锁紧块 5 左移卡入主轴套筒相应的槽（图10-4中槽C）内而锁紧。下轴套座1用螺钉20与溜板10相连，大圆盘11固定于床身，断面为三角形的圆弧导轨12用螺栓13固定于大圆盘，溜板10与导轨12相配并由调整块23卡住，溜板10右下侧由大圆盘上的D面支承。当螺母19被推移时，溜板10可平稳地在圆弧导轨12上移动而使主轴获倾斜调节。转动手轮14，锁紧块8右移使溜板紧贴在导轨12和大圆盘上而锁紧。圆弧导轨12的圆心O常设计在工作台上表面内，这时刀具因主轴倾斜所产生的水平位移最小。

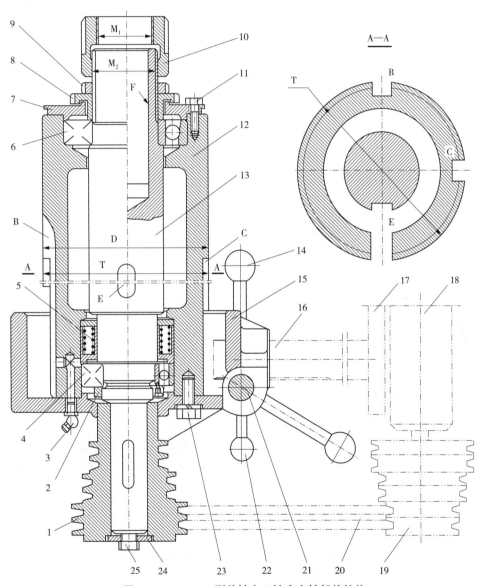

图10-4 MX5112型单轴木工铣床主轴部件结构

1、19. 塔轮 2、9. 圆螺母 3. 油嘴 4、6. 向心推力球轴承 5. 弹簧 7. 压盖 8. 螺母 10. 差动螺母 11、23、25. 螺栓 12. 主轴套筒 13. 主轴 14. 皮带张紧手柄 15. 支座 16. 导杆齿条 17. 电动机底板 18. 主电动机 20. 三角皮带 21. 齿轮轴 22. 锁紧手柄 24. 压板

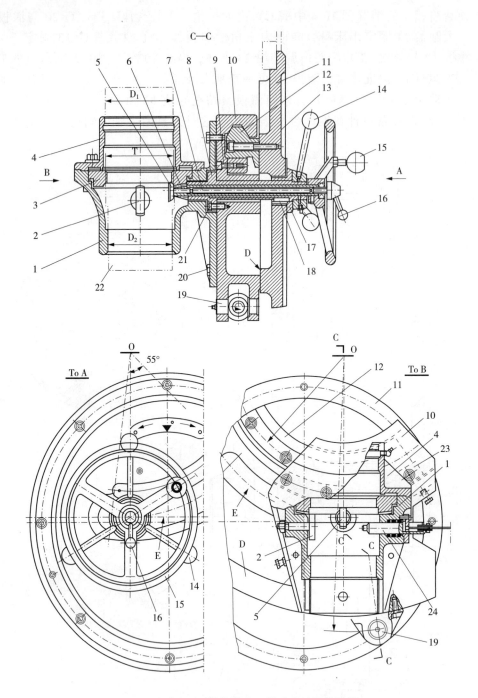

图 10-5　MX5112型单轴木工铣床主轴调整机构

1. 下轴套座　2. 导向块　3. 内孔为T形螺纹的大锥齿轮　4. 上轴套座　5. 主轴升降锁紧块　6. 小锥齿轮
7. 顶杆　8. 主轴倾斜锁紧块　9、13、20、21. 螺钉　10. 溜板　11. 大圆盘　12. 三角形圆弧导轨
14. 主轴倾斜锁紧手柄　15. 主轴升降手轮　16. 主轴升降锁紧手柄　17. 套　18. 键
19. 调节主轴倾斜用螺母　22. 主轴套筒　23. 圆弧形调整块　24. 止动销

3. MX5118/T 型木工铣床

MX5118/T 型木工铣床如图 10-6 所示。该机床主要由床身、固定工作台、移动工作台、导板与防护罩、主轴部件、主轴升降机构、主轴止动机构等组成。与 MX5112 型木工铣床相比，MX5118/T 型木工铣床在结构上主要有两点区别：主轴只能升降调节、不能进行倾斜调节；移动工作台采用整体铝合金型材制作，并采用精密滚动导轨，移动轻便，加工精度高。

主轴部件如图 10-7 所示。主轴上安装铣刀部位的直径为 35 mm，采用套装式铣刀，铣刀直径为 90mm，高度 120mm。主轴由电动机通过三角带传动驱动，三角带轮为塔轮结构，可进行两种速度调节，两档转速分别为 8000 r/min 和 10000 r/min。固定工作台尺寸为 1100 mm×450 mm；移动工作台尺寸为 1600 mm×375 mm；移动工作台行程为 1600 mm；电机功率为 4 kW。

图 10-6 MX5118/T 型木工铣床

图 10-7 MX5118/T 型木工铣床主轴部件

主轴部件的升降调节机构如图 10-8 所示。主轴套筒上连接一只螺母，丝杆转动，螺母升降，主轴随螺母升降，丝杆通过手轮、蜗轮蜗杆副旋转。主轴升降之前应先松开主轴锁紧手柄，调整后再锁紧手柄。在主轴升降过程中，有一限位螺杆用于限制主轴上升的高度。当主轴上升到一定高度时，限位螺杆顶住主轴外套，主轴停止上升。限位螺杆的高度可根据工作需要适当调整。机床工作时，不可将限位螺杆取下，以避免主轴上升过高造成意外事故。

四、实验内容

（1）立式下轴木工铣床的用途。
（2）MX5112 型木工铣床的结构组成。
（3）MX5112 型木工铣床床身及固定工作台的结构。
（4）MX5112 型木工铣床主轴部件的结构、驱动方式、调速方式。
（5）MX5112 型木工铣床主轴部件的升降调节机构、倾斜调节机构。
（6）MX5112 型木工铣床导板的结构及其调整。

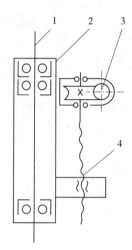

图 10-8　MX5118/T 型木工铣床主轴部件升降调节结构示意图
1. 主轴　2. 主轴套筒　3. 蜗轮蜗杆副　4. 丝杆螺母副

（7）MX5112 型木工铣床移动工作台的结构与用途。
（8）MX5112 型木工铣床使用操作。
（9）MX5118/T 型木工铣床的结构组成。
（10）MX5118/T 型木工铣床主轴的机构、驱动方式、调速方式。
（11）MX5118/T 型木工铣床主轴部件的升降调节机构。
（12）MX5118/T 型木工铣床移动工作台的结构。

五、实验报告

（1）立式下轴木工铣床的用途及其使用场合有哪些？
（2）MX5112 型木工铣床的结构组成有哪些？各结构组成部件有何作用？
（3）MX5112 型木工铣床床身及固定工作台的结构特点是什么？
（4）结合图示说明 MX5112 型木工铣床主轴如何驱动？如何调速？皮带如何张紧？
（5）结合图示说明 MX5112 型木工铣床主轴部件升降调节、倾斜调节的原理。
（6）结合图示说明 MX5112 型木工铣床前后导板的调整。
（7）为什么 MX5112 型木工铣床需要主轴倾斜调节？
（8）MX5112 型木工铣床主轴倾斜调节时的旋转中心设计在何处？为什么？
（9）加工何种产品时需要采用移动工作台？
（10）MX5118/T 型木工铣床的结构组成有哪些？各结构组成部件有何作用？
（11）MX5118/T 型木工铣床的主轴结构与 MX5112 型木工铣床主轴的结构有何异同？
（12）MX5118/T 型木工铣床主轴升降调节机构与 MX5112 型木工铣床主轴有何不同？
（13）MX5118/T 型木工铣床移动工作台与 MX5112 型木工铣床有何不同？

实验 11　木工镂铣机

一、实验目的与要求

通过本实验，掌握木工镂铣机的用途、结构组成与工作原理，了解其主要技术参数，学会使用与调整普通木工镂铣机和数控木工镂铣机，了解它们的日常管理与维护方法。

二、实验设备

（1）MX505 型上轴式木工镂铣机。
（2）YH1310 型数控木工镂铣机（雕刻机）。

三、相关知识概述

1. 木工镂铣机的用途

木工镂铣机是立式上轴木工铣床中的一种主要机种，通常使用直径 2～30 mm 带柄铣刀，对工件进行各种花纹铣刻、浮雕、内外曲线的仿形加工、钻孔扩孔以及各种槽形等加工。数控镂铣机还可以用于板式家具生产中，进行大板套裁等加工。图 11-1 所示为普通木工镂铣机的加工工艺图。

2. MX505 型木工镂铣机

图 11-2 所示为 MX505 型木工镂铣机的外观图，图 11-3 所示为该机的传动简图。

该机采用工作台升降方式。主轴 13 经带传动（22、20、15）升速、转速为 16500 r/min。为保证带传动可靠，在主传动中设置了一些调整环节：

①法兰式电动机 25 固定于壳形机座 26 中，机座 26 与水平溜板 27 间为燕尾形导轨（图中 A 处）结合，通过螺钉 21 可使主电机 25 与大带轮 22 一起做升降调节，保证大小带轮的鼓形中心对准。

②水平溜板 27 与底板 29 也为燕尾形导轨（图中 B 处）结合，通过手轮 16、蜗轮蜗杆副 17 和丝杆螺母副 18，两者可做相对移动，使传动带 20 获适当的张紧。

③通过手轮 19 和螺钉 30 可调整大带轮 22，使其中心线与主轴 13 的中心线保持平行，以免传动带跑偏。

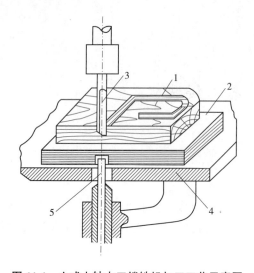 

图 11-1　立式上轴木工镂铣机加工工艺示意图　　图 11-2　MX505 型木工镂铣机的外观图
1. 工件　2. 靠模　3. 带柄铣刀
4. 工作台　5. 导向销

工作台 12 可以升降。踩大踏板 6，通过顶杆机构 3 可使溜板 10 带着工作台一起上升。踏板 6 下限位置由螺钉 8 控制。工作台到位后，脚可放开，挡块 5 能自动顶住销子 4，使工作台保持在加工所需的高度位置上。螺钉 8 和挡块 5 的位置均可调节。工作台的最大升程为 205 mm。踩小踏板 7，通过拉杆克服弹簧 9 的作用力可使销子 4 脱离挡块 5，工作台在自重作用下自行下降复位。

工作台 12 的起始位置可通过手轮 11、锥齿轮副 1 和丝杆螺母副 2 进行调节。

图 11-4 所示为 MX505 型镂铣机主轴部件的结构简图。主轴 7 是机床的主要零件，通常采用 40Cr，需经热处理和精细磨削，由高精度轴承 8、11 支承于机头壳体 10 内，这里采用强制循环方式进行润滑，由装在主轴下部的转子 12 将润滑油从下油池 21 经通道 B 滴入轴承。其滴入速度可由螺钉 1 进行调节，并用螺母 2 锁紧。A 口用于添加润滑油。主轴运动由上端带轮 6 输入，下端通过弹簧夹头 13 及其紧固螺母 15 夹持柄铣刀 14。止动销 9 用于装刀。

3. YH1310 型数控木工镂铣机

图 11-5 所示为 YH1310 型数控木工镂铣机。该机床属于 X、Y、Z 三轴联动的数控木工铣床。主要结构组成包括电主轴、滑座、移动式龙门架、工作台、XYZ 轴向进给结构、伺服系统、数控系统等。整体结构为龙门架式，电主轴可沿龙门框架水平和垂直方向运动，龙门框架沿机床工作台纵向移动。这种布局可提高机床的刚性、减小占地面积。

工作过程中，X、Y、Z 三个坐标轴方向的进给运动均由刀头完成，工件固定不动。

电主轴的轴端具有锥孔和外螺纹，刀具通过弹簧筒夹和螺母直接装夹在电主轴的轴端。

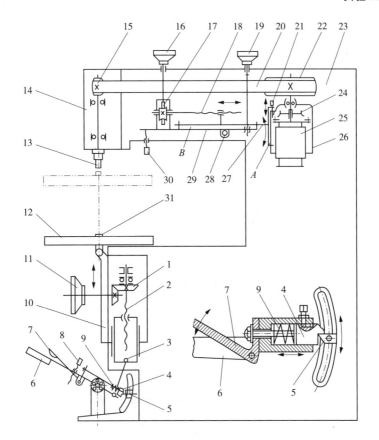

图 11-3　MX505 型镂铣机传动简图

1. 锥齿轮副　2、18. 丝杆螺母副　3. 顶杆机构　4. 销子　5. 挡块　6. 大踏板　7. 小踏板
8. 限位螺钉　9. 弹簧　10. 工作台升降溜板　11、16、19. 手轮　12. 工作台　13. 主轴　14. 机头
15. 小带轮　17. 蜗轮蜗杆副　20. 传动带　21、30. 螺钉　22. 大带轮　23. 床身　24. 风扇
25. 主电动机　26. 壳形机座　27. 水平溜板　28. 支轴　29. 底板　31. 导向销

该机床所用电主轴的变速范围一般为 0~24000 r/min，主轴转速根据加工质量要求、材料的性能、刀具直径等进行设置，采用精细雕刻刀进行精细铣削时转速一般超过 20000 r/min。

机床的加工范围：长度×宽度为 1300 mm×1000 mm；电主轴在 Z 轴方向的行程为 300 mm。

数控木工镂铣机具有以下主要功能：

①点位控制功能：只进行点位控制的钻孔加工。

②连续轮廓控制功能：通过执行直线和圆弧插补可实现对刀具轨迹的连续轮廓控制，加工出直线和圆弧构成的平面曲线轮廓工件。对非圆曲线的轮廓，在经过直线和圆弧的拟合后也可以加工。

③刀具半径的自动补偿功能：利用该功能可以使数控木工镂铣机的刀具中心自动偏离工件的加工轮廓一个刀具半径的距离。因而在编程时可以方便地按轮廓的形状和尺寸计算、编程，不必按铣刀的中心轨迹计算编程。

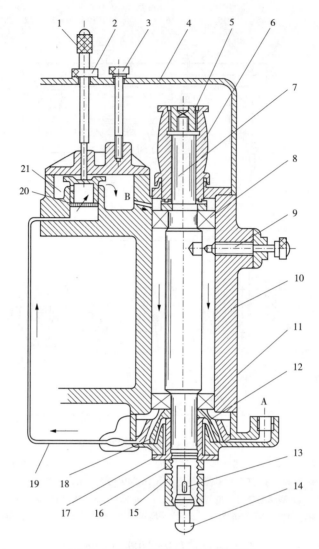

图 11-4 MX505 型镂铣机主轴部件
1. 调节螺钉 2、5、16. 锁紧螺母 3. 紧固螺钉 4. 盖 6. 皮带轮 7. 主轴 8、11. 轴承
9. 止动销 10. 机头壳体 12. 润滑油泵转子 13. 弹簧夹头 14. 铣刀 15. 夹头固紧螺母
17. 润滑油泵转子轴向固定螺母 18. 下油池 19. 管道 20. 滤油器 21. 上油池

④轴对称加工功能：利用该功能只要编制出形状轴对称两个零件中的一个零件的加工程序，机床就可以自动将两个工件加工出来。对于形状轴对称的一个零件利用该功能可以只编写一半的加工程序。

⑤固定循环功能：利用此项功能将一些典型的加工功能专门设计一段程序（子程序），在需要的时候自由调用，以实现一些固定的加工循环。

X、Y、Z 坐标轴传动方式：

①Z 轴进给传动：电主轴安装在滑座上，电机滑座安装在垂直滚动导轨上，由伺服电机通过滚珠丝杆机构驱动升降。

②X 轴进给传动：电机滑座又安装在龙门架的横梁的滚动直线导轨上，由伺服电机

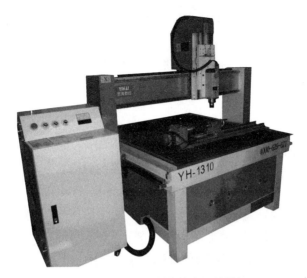

图 11-5　YH1310 型数控木工镂铣机

通过高精度齿轮齿条机构驱动，速度高。

③Y 轴进给传动：龙门架两侧的支座安装在机床床身两侧的滚动导轨上，两侧各安装一台伺服电机，通过高精度齿轮齿条机构驱动。

通过数控装置可控制 XYZ 三轴的联动。

数控机床具有机床坐标系，机床坐标系的原点由机床制造厂设定。机床在每次使用之前，一般都要进行回机床坐标原点操作，以消除传动机构的累积误差，提高加工精度。回原点的操作通过点击数控装置界面上的回原点命令进行，X、Y、Z 三个坐标轴可以同时回原点，也可以各轴分别进行回原点操作。

该机床上工件的装夹方式有两种：真空吸附方式和螺栓压板方式。真空吸附方式快速方便，适用于幅面较大的工件。如图 11-6 所示，机床的工作台面为在平板表面开有一系列具有一定深度和宽度的纵横沟槽，在适当位置开有真空口与外接真空系统相连通。根据工件的外形，采用海绵密封条嵌入沟槽，围成比工件外形尺寸稍小的区域，将工件放上后就可形成一密封区域，再接通真空，工件就被牢牢吸附在工作台面上。

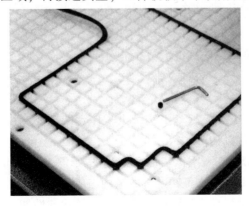

图 11-6　真空吸附工作台

将工件在工作台上装夹好之后，确定工件坐标系的原点，然后将刀具的刀位点移动到原点的位置，并在数控装置上用 G92 指令设定。

在数控装置上打开需要加工的程序，然后启动程序，机床开始运行加工。

四、实验内容

(1) 木工镂铣机的用途。
(2) MX505 型木工镂铣机的加工方式。
(3) MX505 型木工镂铣机的结构组成。
(4) MX505 型木工镂铣机主轴的驱动方式。
(5) MX505 型木工镂铣机主轴的结构。
(6) MX505 型木工镂铣机工作台的支撑方式。
(7) MX505 型木工镂铣机工作台的初始高度调节结构。
(8) MX505 型木工镂铣机工作台的工作高度的升降机构及位置固定机构。
(9) MX505 型木工镂铣机工作台上导向销的作用以及与刀具的位置关系要求。
(10) MX505 型木工镂铣机的使用操作。
(11) YH1310 型数控木工镂铣机的结构组成。
(12) YH1310 型数控木工镂铣机电主轴的结构与性能要求。
(13) YH1310 型数控木工镂铣机进给传动机构。
(14) YH1310 型数控木工镂铣机进给伺服电机。
(15) YH1310 型数控木工镂铣机工作台的结构与工件装夹方式。
(16) YH1310 型数控木工镂铣机数控装置的界面。
(17) YH1310 型数控木工镂铣机的使用操作。

五、实验报告

(1) 木工镂铣机的用途及使用场合有哪些？
(2) MX505 型木工镂铣机的结构组成有哪些？
(3) 简述 MX505 型木工镂铣机主轴的结构特点。
(4) MX505 型木工镂铣机主轴的驱动方式，绘制主轴传动链图；主轴传动皮带的张紧及调偏方式。
(5) 结合图示说明 MX505 型木工镂铣机工作台的初始高度调节机构，以及工作高度的升降机构及位置固定机构。
(6) 为什么采用 MX505 型木工镂铣机加工时需要采用导向销？
(7) 简述 YH1310 型数控木工镂铣机的结构组成。
(8) 简述 YH1310 型数控木工镂铣机电主轴的结构与性能。
(9) 简述 YH1310 型数控木工镂铣机进给传动方式。

(10) 简述 YH1310 型数控木工镂铣机工作台的结构与工件装夹方式。

(11) MX505 型上轴式木工镂铣机与 YH1310 型龙门架式数控木工镂铣机（雕刻机）在结构和功能上有何不同？

实验 12　木工钻床

一、实验目的与要求

通过本实验，掌握木工钻床的用途、结构组成与工作原理，了解木工钻床的主要技术参数，学会使用与调整木工钻床（立式木工钻床、三排木工钻床），了解木工钻床的日常管理与维护方法。

二、实验设备

(1) 微型台式木工钻床。
(2) MZ73223 型三排木工钻床。

三、相关知识概述

1. 木工钻机的用途

微型台式木工钻床可用于对木材、金属、塑料进行钻孔，还可以作为铣床使用，如安装专用佛珠刀之后可以作为铣床使用加工佛珠，同时钻孔。

三排木工钻床属于双面三排组合型排钻床，一般由一个左侧的水平多钻轴动力头和两个下置式垂直多钻轴动力头所组成。用于同时对板件的左侧面和下表面进行钻孔加工。适宜于中、小型企业（车间）的小批量板件生产。

2. 微型台式木工钻床

微型台式木工钻床主要结构由机头、立柱、底座、钻夹头、纵横移动工作台、平口钳、操作手柄等组成，如图 12-1 所示。该钻床的主轴采用皮带传动方式，可以无级变速，转速范围 1100~4500 r/min，根据被钻削材料的硬度和钻头材料选择合适的转速。工件通过平口钳夹持，平口钳固定在纵横移动的工作台上。工作时，转动操作手柄，钻轴下降，实现钻头进给切削。松开操作手柄，钻轴上升。钻轴行程 60 mm，钻夹头装夹直径 1~10 mm。电机功率 0.58 kW。钻床配置了能在水平面内纵横调节的工作台，可通

图 12-1 微型台式木工钻床

过转动调节手轮实现调节，目的是确定钻孔的位置。

3. MZ73223 型木工三排钻床

图 12-2 所示为 MZ73223 型木工三排钻床外观图。其结构组成主要包括底座、机架、2 排垂直钻削头、1 排水平钻削头、气动压紧装置、气动钻削进给装置、垂直钻削头水平位置调节机构、水平钻削头垂直位置调节机构、钻孔深度调节与控制结构等。水平钻削头具有 1 个 21 轴的钻轴箱，垂直钻削头由两个独立钻轴箱组成，钻轴数为 2×11 个，相邻两钻轴之间的距离为 32 mm。具有 4 个可调式气动定位基准。可加工工件宽度为 150~1800 mm，长度为 250~2500 mm，厚度为 10~45 mm。这种类型排钻定位灵活操作方便，适合于加工孔位单一、孔数较少的板式零部件，是板式家具生产中常见的钻孔设备。当孔位多、孔数多时，通过调整各个排座的距离或变换垂直钻座的位置来确保一次加工完成。如不能一次完成，需要变换孔位的定位基准而使孔位的加工精度降低。

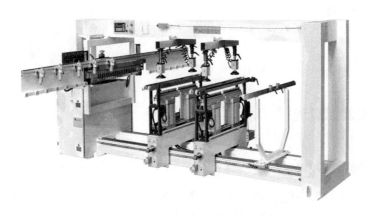

图 12-2　MZ73223 型三排木工钻床外观图

图 12-3 所示为 MZ73223 型三排木工钻床的钻轴布局图。垂直钻削头中的 2 个钻轴箱，可以进行旋转调节，以满足孔的不同排列方向的要求。每个钻轴箱中钻轴之间通过齿轮啮合传动，电机驱动其中的 1 根钻轴旋转，这根钻轴再驱动其余的各轴。相邻两钻轴的转速相等但转动方向相反。相邻两钻轴安装的钻头的旋向相反，用颜色区分，红色为右旋，黑色为左旋。不是所有的钻轴上都需要钻头，根据需要安装。使用的钻头都是横向钻。

MZ73223 型三排木工钻床的调整包括以下 5 个方面：

（1）垂直钻削头水平位置的调节

垂直钻削头支撑在底座轨道上，通过丝杆机构实现调节，转动调节手柄，带动丝杆旋转，螺母做轴向移动，由于螺母固定垂直钻削头上，所以垂直钻削头跟随螺母一起移动，从而调节其水平位置。

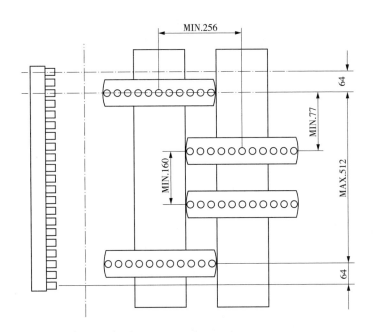

图 12-3　MZ73223 型三排木工钻床的钻轴布局图

（2）垂直钻削头中钻轴箱的位置调节

一个垂直钻削头中的 2 个 11 轴的钻轴箱可以分别进行旋转调节，并且还可以在钻削头的长度方向进行水平调节。

（3）垂直钻削头钻孔深度的调节

垂直钻削头安装在两根垂直导轨上，由气缸驱动升降，通过调节气缸的行程，控制钻孔的深度。孔的深度大，调大气缸的行程；孔的深度小，调小气缸的行程。

（4）水平钻削头高度的调节

水平钻削头安装在垂直燕尾导轨上，通过丝杆机构手工调节。

（5）水平钻削头钻孔深度的调节

水平钻削头的水平位置调节包括两个方面：钻削头初始位置调节和钻削深度的调节。水平钻削头钻孔时由气缸驱动，通过调节气缸的行程，控制钻孔的深度。孔的深度大，调大气缸的行程；孔的深度小，调小气缸的行程。

四、实验内容

（1）微型台式木工钻床的用途。
（2）微型台式木工钻床的结构组成。
（3）微型台式木工钻床主轴的驱动方式及调速方式。
（4）微型台式木工钻床主轴的升降方式。
（5）微型台式木工钻床的工作台调整方式。
（6）微型台式木工钻床使用操作。

（7）MZ73223 型三排木工钻床的用途及使用场合。
（8）MZ73223 型三排木工钻床的组成。
（9）MZ73223 型三排木工钻床钻削头的结构。
（10）MZ73223 型三排木工钻床钻钻轴的驱动方式。
（11）MZ73223 型三排木工钻床垂直钻削头水平位置的调节机构。
（12）MZ73223 型三排木工钻床垂直钻削头钻孔深度的调节机构。
（13）MZ73223 型三排木工钻床水平钻削头垂直位置的调节机构。
（14）MZ73223 型三排木工钻床水平钻削头钻孔深度的调节机构。
（15）MZ73223 型三排木工钻床的使用操作。

五、实验报告

（1）木工钻头有纵向钻头和横向钻头之分，用图示说明两者的使用场合的不同。
（2）微型台式木工钻床的用途有哪些？
（3）微型台式木工钻床主要结构组成有哪些？
（4）简述微型台式木工钻床主轴的驱动方式、调速方式、升降方式。
（5）简述微型台式木工钻床工作台的结构形式及调整方式。
（6）简述 MZ73223 型三排木工钻床的用途及使用场合。
（7）MZ73223 型三排木工钻床的结构组成包括哪些？
（8）简述 MZ73223 型三排木工钻床钻钻轴的驱动方式。木工排钻床钻削头的相邻两钻轴之间的中心距是多少？钻轴之间采用什么传动方式驱动？转速是否相等？旋转方向是否相同？相邻两钻轴安装的钻头的旋向是否相同？是不是所有钻轴上都需要安装钻头？使用的钻头是纵向钻还是横向钻？
（9）MZ73223 型三排木工钻床垂直钻削头水平位置如何调节？
（10）MZ73223 型三排木工钻床垂直钻削头钻孔深度如何调节？
（11）MZ73223 型三排木工钻床水平钻削头的高度如何调节？
（12）MZ73223 型三排木工钻床水平钻削头钻孔深度如何调节？

实验 13　木工方凿榫槽机

一、实验目的与要求

通过本实验，掌握木工方凿榫槽机的用途、结构组成与工作原理，了解其主要技术参数，学会使用与调整木工方凿榫槽机，了解其日常管理与维护方法。

二、实验设备

WP330 型木工方凿榫槽机。

三、相关知识概述

1. 木工榫槽机（方凿榫槽机）的用途

木工方凿榫槽机亦称打眼机、方眼钻床。用于方材、木框等零件或木制组件上加工出方形或长方形榫槽。

2. 木工方凿榫槽机的工作原理

该机床利用由方凿和钻头组成一体的组合刀具（亦称机用木凿）来加工榫槽。装在空心方凿内的钻头做回转运动，当钻头连同方凿一起做进给运动时，钻头在木材中钻出圆孔，而空心方凿则将圆孔四周凿削成方形榫槽。图 13-1 所示为木工方凿组合刀具的照片。图 13-2 所示为木工方凿加工矩形截面榫槽的示意图。

图 13-1　木工方凿组合刀具

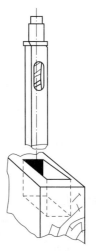

图 13-2　木工方凿加工矩形截面榫槽示意图

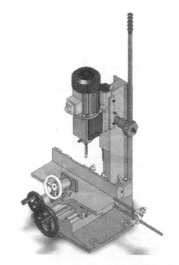

图 13-3　WP330 型木工方凿榫槽机外观图

3. WP330 型木工方凿榫槽机

如图 13-3 所示为 WP330 型木工方凿榫槽机外观图，该机主要包括机座、纵横移动工作台、夹紧机构、定位机构、钻轴刀架、木工方凿、电动机、机身、操作手柄等。电机与钻轴通过联轴节直联，钻轴转速与电机转速一致。木工方凿的钻头通过钻夹头与钻轴相连，而方凿固定在电机的滑座上，随电动机一起升降。转动操作手柄，钻轴下降，实现钻头的进给切削。松开操作手柄，钻轴上升。

工作台上有夹紧机构、导向板、定位挡块。调整定位挡块的位置，将工件的一端顶住挡块，同时工件的侧面紧贴导向板，旋转夹紧手轮，将工件夹紧。

该机床配置有在水平面内纵横调节的工作台，可通过转动调节手轮实现调节，目的是确定榫槽的位置。结合工作台横向移动，可确定榫槽在工件长度方向的位置；横向移动工作台，可确定榫槽在工件横向的位置。

WP330 型木工方凿榫槽机的主要技术参数：加工工件的最大尺寸为 200 mm ×155 mm；工作台行横移动范围为 340 mm ×110 mm；工作台幅面为 450 mm ×150 mm；钻颈直径为 16 mm；方形榫槽尺寸为 6~25 mm；最大钻孔直径为 40 mm；电机功率为 750 W。

四、实验内容

（1）木工方凿机的用途及应用场合。
（2）木工方凿机的结构组成。
（3）木工方凿机的组合刀具的结构及安装方式。
（4）木工方凿机的主轴电机的安装方式及升降调节机构。
（5）木工方凿机的榫槽深度控制机构。
（6）木工方凿机工作台的纵横移动机构。
（7）木工方凿机工件的装夹方式。
（8）木工方凿机榫槽位置的调节。
（9）木工方凿机榫槽长度的控制。

五、实验报告

（1）木工方凿机的用途及应用场合有哪些？
（2）木工方凿机的结构组成有哪些？
（3）木工方凿机的组合刀具的结构及安装方式，绘制结构示意图。
（4）木工方凿机的主轴电机的安装方式及升降调节机构，绘制调节机构示意图，说明主轴头的缓冲平衡原理。如何调节和控制榫槽深度？
（5）木工方凿机工作台的纵横移动机构，工件的装夹方式，榫槽位置的调节，榫槽长度的控制，绘制结构示意图。

实验 14　木工车床

一、实验目的与要求

通过本实验,掌握木工车床的用途、结构组成与工作原理,了解木工车床的主要技术参数,学会使用与调整普通木工车床和数控木工车床,了解木工车床的日常管理与维护方法。

二、实验设备

(1) T-40 型木工车床。
(2) CNC0601 微型数控木工车床。

三、相关知识概述

1. 木工车床的用途

木工车床是利用车刀将做回转运动的木坯件加工成圆柱、圆锥体零件或各种成型曲线圆柱体零件的机床。它广泛应用于家具、建筑、车辆、体育用品、玩具、纺织器材、军工用品以及机械木模等行业。

CNC0601 微型数控木工车床主要用于加工小型的回转体木质零件,如佛珠、手柄、杯子、木桶、木碗、福盖、葫芦坠、琵琶件等。通过程序控制自动完成各种加工,除了进行内外轮廓的加工,还可以进行中心钻孔。

2. T-40 型木工车床

T-40 型木工车床为手工操作的普通木工车床,主要结构组成包括床身、主轴箱、尾架、刀架等,如图 14-1 所示。

主轴箱、床身均采用优质铸铁制造,运行稳定性好。床身导轨经过精密磨削以保证尾架前后移动的直线度以及操作方便性。主轴采用优质合金钢锻造,经热处理和磨削而成,通过采用独有的前二后一的三支超大直径轴承支撑确保运转刚性和极长的使用寿命。主轴采用工业级智能伺服电机驱动,可提供高达 3 倍的扭矩过载能力,并且能实现无级变速。伺服电机通过 2 级塔轮皮带传动驱动主轴,使主轴可在高速挡和低速挡范围内无级变速。由于采用伺服电机,主轴能很方便地实现正反转,以方便砂光打磨,并能快速停止转动。

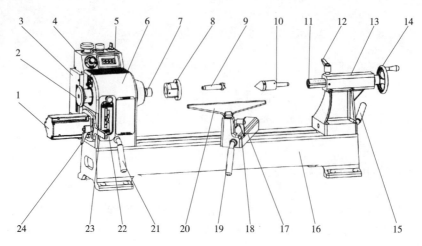

图 14-1　T-40 型木工车床

1. 伺服电机　2. 主轴手轮　3. 驱动器　4. 控制按钮　5. 速度显示器　6. 主轴箱　7. 主轴　8. 花盘
9. 固定顶尖　10. 活动顶尖　11. 尾架套筒　12. 尾架套筒锁紧把手　13. 尾架　14. 尾架手轮
15. 尾架锁紧把手　16. 床身　17. 刀架支座　18. 刀架锁紧把手　19. 刀架支座锁紧把手
20. 刀架　21. 主轴箱锁紧把手　22. 箱体嵌门　23. 电机旋转把手　24. 电机锁紧把手

主轴箱可以在 0°~90° 内旋转调节，以方便超大直径工件的挖空车削加工。铸钢刀架经过特殊工艺硬化处理，极大提升耐磨性和车刀操作舒适性。重载加长刀架拖板使得刀架动静自如，操作流畅。嵌入式主轴锁紧和分度装置，方便快速夹具更换和精确分度。

主要技术参数：最大床身工件回转直径 360 mm；顶尖距 620 mm；最大刀架支座回转直径 260 mm；主轴高速挡转速 90~4300 r/min；主轴低速挡转速 60~2800 r/min；主轴中心与基面距离 330 mm；主轴箱旋转角度分位：0°-22.5°-45°-90°。

主轴箱上控制面板的操作，如图 14-2 所示。

(1) 红色按钮 A 为停止按钮，机床在运转过程中按下红色按钮 A，机床即停止运转；再次启动机床时，只需将旋钮 C 先拨到 0 位再拨到 1 或 2 位（根据所需选择 1 位还是 2 位）机床即可运转。

(2) 蓝色按钮 B 为复位按钮，当机床在运转过程中发生过流过载报警时，按下蓝色按钮 B 清除报警，并将旋钮 C 拨到 0 位，然后重新启动，机床方可运转。

(3) 旋钮开关 C 具有三个功能位置，1 正转，2 反转，0 停止。启动机床时，插上电源，将旋钮 C 拨动至 1 位或 2 位即可；停止机床时，将旋钮 C 拨到 0 位或按红色按钮 A 即可［若按红色按钮 A 停止机床运转，再次启动机床时，请按步骤（1）操作］，拔下电源。

(4) 调速旋钮 D，通过旋转该旋钮实现主轴转速调整。

该车床设计两个速度范围：低速挡 60~2800 r/min，高速挡 90~4300 r/min。每个范围内速度可由驱动器调速自由改变。改变高低挡转速，参照图 14-3，按以下步骤：

①拔掉机床电源插头。

②打开带强力磁铁的主轴箱体嵌门。

③松开电机锁紧把手 A，向上旋转电机连接板把手 B，使广角带张紧松开。

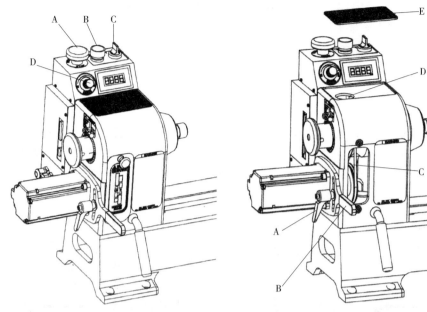

图 14-2 主轴箱操作面板　　图 14-3 主轴高低挡转速调整图

④将广角带 C 放在需要的速度范围内。

⑤用手旋转主轴手轮，确保广角带嵌入主动带轮及从动带轮槽内，使皮带运转顺畅。

⑥通过旋转把手 B 将广角带张紧到合适的力度，锁紧把手 A，关上嵌门。

不同工件直径和加工质量要求下推荐的主轴转速见表 14-1。

表 14-1　推荐主轴转速

加工件直径 （mm）	粗车转速 （r/min）	正常车削转速 （r/min）	打磨转速 （r/min）
<50	1600	3500	4300
50~100	800	1600	2500
100~150	500	1100	1700
150~200	400	800	1250
200~250	300	700	1000
250~300	250	550	900
300~400	200	450	680
400~500	150	350	550
500~600	100	280	400
≥600	80	200	300

刀架支座使用。刀架支座设计采用凸轮锁紧方式，未锁时可以沿着床身自由滑动。松开锁紧把手，移动刀架支座至任意位置，调整后锁好把手。

刀架使用。12″刀架为车床标准配件，高度与角度均可任意调整。松开锁紧把手可调节刀架高度及角度，锁紧把手根据实际需要可以安装到刀架支座左边或者右边。注意：操作前一定要锁紧把手。

主轴箱体使用，如图 14-4 所示。主轴箱旋转有 0°、22.5°、45°、90°四个工位，松开锁紧把手，根据使用需要调至所需工位后锁紧把手即可。注意：旋转主轴箱体前，一定要拔掉电源插头。0°复位时请将主轴箱以床身面为基准逆时针推紧后再锁紧主轴箱锁紧把手。

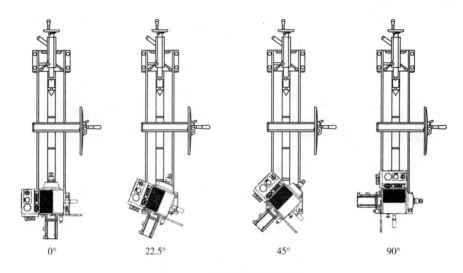

图 14-4 主轴箱的旋转调整

尾架使用。尾架均可在床身全长移动。松开锁紧把手，移动尾架至任意位置，调整后锁紧把手即可。

尾架套筒使用。松开尾架套筒锁紧把手，顺时针或者逆时针旋转尾架手轮即可移动尾架套筒，调整后将把手锁紧。

固定顶尖安装与拆除步骤，如图 14-5 所示。①断开电源；②确保顶尖锥柄表面及主轴锥孔面清洁无杂质物，然后推动固定顶尖安装至主轴锥孔；③移动手锤手柄使其撞击固定顶尖端部数次，直至顶尖脱离主轴锥孔。

花盘安装与拆除步骤，如图 14-6 所示。①断开电源；②将主轴定位杆 A 插入主轴手轮孔内，将花盘扳手 B 卡在花盘上，左手握住杆 A 向下压，右手握住花盘扳手向上推，即可将花盘紧固在主轴上，反之即可拆除花盘；然后将两紧定螺钉锁紧。

活动顶尖安装与拆除步骤。①安装活动顶尖，确保顶尖锥柄表面与套筒孔干净无杂质物，将顶尖推至套筒孔内；②拆除活动顶尖，松开尾架锁紧把手，通过旋转尾架手轮移出套筒，直至套筒丝杆顶出活动顶尖（使其与套筒锥面脱离即可），随后用手拔出活动顶尖。

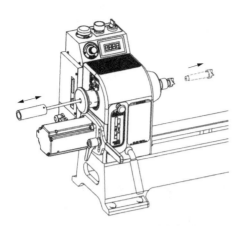 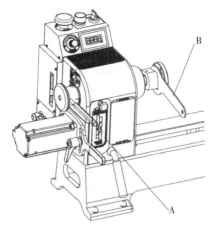

图 14-5　固定顶尖安装与拆除　　　　图 14-6　花盘安装与拆除

3. CNC0601 微型数控木工车床

如图 14-7 所示，CNC0601 微型数控木工车床主要由床身、主轴箱、主轴电机、车刀架、尾钻架、车刀架纵横进给装置、尾钻架轴向进给装置、伺服系统控制箱等组成。数控系统安装于电脑中，机床工作时需要外接电脑。

数控系统能根据图形和加工工艺参数实现自动编程，自动生成刀具轨迹，无须使用者编程，简单易用。加工各类圆珠时，直接在软件中输入需要的珠子直径等简单参数即可；对于宝塔葫芦等，直接选择造型、尺寸，如图 14-8 所示。此外，还可以另行设计造型、绘制轮廓线，存成 bmp、jpg 图片即可加工。

图 14-7　CNC0601 微型数控木工车床

工件由主轴箱上的夹具夹紧旋转，车刀随刀架由纵横进给装置带动移动，车削加工回转体零件的外轮廓；需要打孔时，尾钻架向工件的端部移动，钻头钻进工件。如图 14-9 所示。

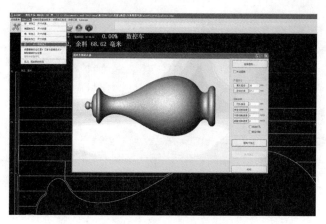

图 14-8 图形车削示意图

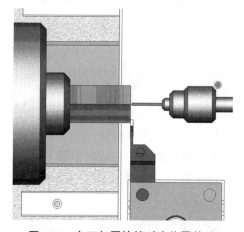

图 14-9 车刀与尾钻的对应位置关系

微型数控木工车床的操作与调整主要包括以下几个方面：

(1) 对刀

数控车床有关车削直径方面的尺寸控制严格基于刀尖与主轴轴心间的相对位置。因此，设备对刀是保证车削尺寸准确的关键。数控系统提供了简易而准确的对刀方法。对刀开始前，一定确保机器做过"各轴回零点"操作。在卡盘上夹持一段木料（建议与待加工的正式木料尺寸相近），启动主轴电机旋转。使用电脑键盘上的上、下、左、右键，控制车刀移动，手工车削一段圆柱。注意切削深度，不能超过所用刀具的刀刃尺寸。木方可分层切削，直至去除四角，形成圆柱；车削圆柱的长度有 5 mm 左右即可，操作者可按测量的方便自己掌握。按键盘上的右箭头，将车刀移出木料位置（注意：为了获得对刀数据，只能右移，不可后退刀具）。关闭主轴旋转，用卡尺测量所得圆柱的直径，将该直径输入数控系统即可。

(2) 横轴安全位置设置

设置横轴安全位置即允许车刀最左侧离卡盘的最近点。设置后可起到重要作用，可为数控系统自动计算可车削零件个数提供依据，防止刀具碰到卡盘。此项工作也是换刀后操作一次即可，不必每次开机都要操作。设置方法：先点"车削工具"菜单中的"解除横轴安全位置"子菜单,解除横轴软件限位功能;再按"左箭头"键,驱动车刀,直至其左侧距离开盘 2 mm 左右(靠近卡盘时要减速或点动,确保刀片安全),然后点"车削工具"菜单中的"设置横轴安全位置(刀离卡盘最近点)"子菜单,将刀片的当前位置设置为软件限位点即可。进行此项设置前,要确保设备已做过"各轴回零点"的初始化操作。

(3)车削圆球时的操作

夹持木料,留出足够的待加工长度。最小安全长度为:球直径 + 车刀宽度(刀头直径)+1 mm。启动主轴旋转,手动驱动车刀,靠近旋转的木料右侧端面,直至轻微接触(接触刀片左侧,而不是中心线位置)。如木料端头不平整,也可将端头纵切掉一薄层。点击控制软件上的"开始加工按钮"或者按键盘上的空格键,即可启动圆球的自动车削。紧急情况时,可按键盘上的 ESC 键(左上角)或点软件界面上的"停止"按钮,停止加工,阻止两轴电机的移动。也可以按下控制箱上的急停按钮。急停按钮是按下锁定,顺时针旋转可解锁。如果木料装夹时已经留出足够的长度,比如足够 3 到 4 个圆球的车削长度,当一个圆球撤销完毕后,可再次点击空格键,继续加工下一个圆球。但要注意最后一个圆球的车削长度要足够车削,如不够,请停机,调整其在卡盘的外露长度,再次车削。否则强制车削会使刀具碰撞卡盘,损坏刀刃。如发生这种情况,需要立即关闭主轴电机,并按 ESC 键停止车削。

四、实验内容

(1)T-40 型木工车床的用途。

(2)T-40 型木工车床的结构组成。

(3)T-40 型木工车床主轴的驱动方式、启动与停止、正反转、高低速挡切换、转速调整。

(4)T-40 型木工车床主轴箱位置旋转与固定。

(5)T-40 型木工车床尾架的结构、位置调整。

(6)T-40 型木工车床刀架的结构、位置调整。

(7)T-40 型木工车床主轴端顶尖的安装与拆除。

(8)T-40 型木工车床主轴端花盘的安装与拆除。

(9)T-40 型木工车床木料的装夹、握刀操作。

(10)T-40 型木工车床转速选用、车削工序安排、车刀选用。

(11)设计一回转体零件,应用 T-40 型木工车床进行加工。

(12)CNC0601 微型数控木工车床的用途。

(13)CNC0601 微型数控木工车床的结构组成。

(14)CNC0601 微型数控木工车床主轴的驱动方式。

(15)CNC0601 微型数控木工车床主轴卡盘的结构、木料装夹操作。

(16)CNC0601 微型数控木工车床刀架的结构与传动方式、车刀安装操作。

(17)CNC0601 微型数控木工车床尾架的结构与传动方式、尾钻安装操作。

(18)CNC0601 微型数控木工车床控制箱。

(19)CNC0601 微型数控木工车床数控系统操作界面。

（20）CNC0601 微型数控木工车床对刀操作。

（21）CNC0601 微型数控木工车床横轴安全位置设置操作。

（22）CNC0601 微型数控木工车床加工图形的调用、参数设置、车削流程安排。

（23）设计一回转体零件，应用 CNC0601 微型数控木工车床进行加工。

五、实验报告

（1）简述 T-40 型木工车床与 CNC0601 微型数控木工车床的用途及两者在功能上的区别。

（2）T-40 型木工车床的结构组成有哪些？

（3）简述 T-40 型木工车床主轴的驱动方式，绘制主轴传动链图。

（4）T-40 型木工车床主轴采用伺服电机驱动有何优点？

（5）T-40 型木工车床主轴转速范围大，如何实现分级调速？如何调整操作？

（6）T-40 型木工车床主轴箱的位置为何要设计成可旋转调节的结构？

（7）T-40 型木工车床尾架有何作用？如何调整？

（8）T-40 型木工车床刀架有何作用？对其结构有何要求？

（9）T-40 型木工车床主轴端为何要设置顶尖和花盘两种装夹机构？

（10）对自行设计回转体零件，应用 T-40 型木工车床进行加工的过程进行总结。

（11）CNC0601 微型数控木工车床的结构组成有哪些？

（12）简述 CNC0601 微型数控木工车床主轴的驱动方式，绘制传动链图。

（13）简述 CNC0601 微型数控木工车床刀架的结构与传动方式，绘制刀架传动链图。

（14）简述 CNC0601 微型数控木工车床尾架的结构与传动方式，绘制尾架传动链图。

（15）CNC0601 微型数控木工车床对刀的目的是什么？如何进行对刀操作？

（16）CNC0601 微型数控木工车床为何要设置"横轴安全位置"？如何设置？

（17）对直接调用图形或自行设计图形，应用 CNC0601 微型数控木工车床进行加工的过程进行总结。

（18）对比 T-40 型木工车床和 CNC0601 微型数控木工车床，总结各自的特点。

实验 15　数控无卡轴旋切机

一、实验目的与要求

通过本实验，掌握数控无卡轴旋切机的用途、结构组成与工作原理，了解数控无卡轴旋切的主要技术参数，学会使用与调整数控无卡轴旋切机，了解旋切机的日常管理与维护方法。

二、实验设备

SWK130 型数控无卡轴旋切机。

三、相关知识概述

1. 数控无卡轴旋切机的用途

数控无卡轴旋切机用于将一定长度的小径级木段加工成连续的单板带,经剪切后成为一定规格的单板。能有效地降低木芯的直径,提高木段的单板出板率。加工的单板厚薄均匀、表面光滑。恒线速旋切,生产效率高。

2. 数控无卡轴旋切机的工作原理

数控无卡旋切机主要由机架、双辊系统、单辊系统、刀架、传动系统、数控系统等组成。其工作原理如图 15-1 所示,木段(圆木)的旋转由三个摩擦辊通过外圆摩擦驱动来实现;双驱动辊架位置固定,驱动辊由电机通过链传动等机构驱动;压辊和旋刀安装在刀架上,压辊起到压尺的作用,同时压辊也是摩擦驱动辊;双驱动辊和压辊的直径相同,转速相等,转向相同。刀架由伺服电机通过精密丝杆螺母机构驱动,以确保木段始终被三个摩擦辊压紧并驱动旋转。在旋切过程中,摩擦辊转速恒定,旋切线速度恒定,即出板速度恒定。随着木段直径的变小,木段转速会加快。为了保证单板厚度均匀一致,刀架的进给速度与木段的转速之间必须保持严格的运动联系,即木段旋转一周、刀架直线进给一个单板厚度。因此,随着木段转速的提高,刀架的进给速度也需要加快。刀架的进给位移经过旋转编码器反馈给数控系统,由数控系统根据主运动与进给运动之间的关系计算出刀架的进给速度和相应的进给伺服电机频率,并输出相应频率给伺服电机的驱动控制器,使伺服电动机运转加快,从而使刀架快速推进,最终完成旋切。

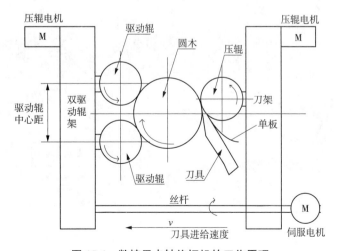

图 15-1 数控无卡轴旋切机的工作原理

3. SWK130 型数控无卡轴旋切机

SWK130 型数控无卡轴旋切机如图 15-2 所示，该机主要由机身 1、双辊驱动装置 2、刀架（单辊+旋刀）3、进给装置 4、电气系统 5 等组成。图 15-3 为该机的三维设计图。

该机的主要技术参数如下：最大旋切长度为 1350 mm；最大旋切直径为 300 mm；最小旋切木芯直径为 28 mm；出板速度为 25 m/min；旋切单板厚度为 0.5~2.6 mm。

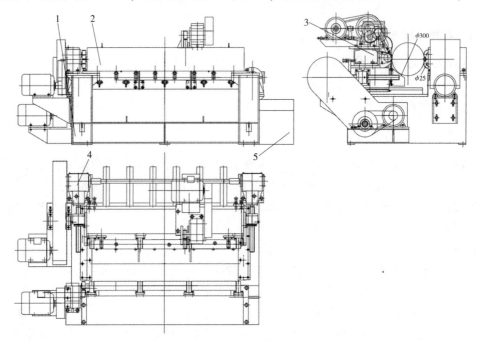

图 15-2　SWK130 型数控无卡轴旋切机
1. 机身　2. 双辊驱动装置　3. 刀架　4. 进给装置　5. 电气系统

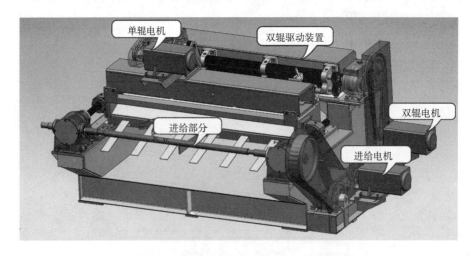

图 15-3　SWK130 型数控无卡轴旋切机三维设计图

旋切机的机架采用钢板焊接，并经过精加工。刀架、双辊驱动装置、进给装置、电机等均安装在机架上。双辊驱动装置如图 15-4 所示，摩擦驱动辊直径为 90 mm，辊面采用菱形滚花结构，以增加摩擦系数，防止打滑。同时要求辊面具有较高的硬度和耐磨性能。为增加驱动辊的刚度，防止弯曲，驱动辊采用分段结构，该机的摩擦驱动辊分为三段，由 4 个轴承座支撑。两个辊筒之间的中心距为 92 mm。电机通过带传动和三级齿轮传动同时驱动上、下摩擦驱动辊，驱动辊转速由旋转编码器测定。

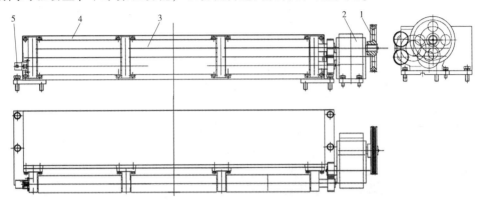

图 15-4 双辊驱动装置
1. V 型带轮 2. 传动齿轮箱 3. 摩擦驱动辊 4. 支架 5. 旋转编码器

刀架如图 15-5 所示，旋刀 3 通过螺钉安装在刀架体 1 上，旋刀 3 的高度可通过调整螺杆 17 调节；压辊 4 安装在压辊架 2 上，压辊 4 由安装在压辊架 2 上的电机 7 通过 V 型带传动 6 驱动齿轮箱 5，再经一对齿轮传动机构 11、19 驱动。压辊架 2 的水平位置可调，以调节压辊与旋刀之间的刀门间隙。割刀组合 15 用于对单板带两端进行切齐处理。托板 21 用于引导单板排出。刀架体 1 支撑于机身的轨道上，由进给装置驱动前进或后退。

刀架进给装置如图 15-6 所示，刀架由伺服电机通过两级同步带传动驱动带轮 7、锥齿轮 10 和 6、传动轴 14、丝杆 1 和螺母 3 驱动。螺母 3 通过螺母座 2 与刀架相连。螺母 2 的轴向位移（即刀架的进给量）可通过旋转编码器间接测得。

数控无卡轴旋切机的常见问题及处理方法具体如下：

(1) 旋切机旋切出的单板出现打卷或出卷筒

故障原因：①刀门过窄；②刀架太高。

解决方案：松开机器两头的滑枕螺丝和调节螺丝，适当把刀门放宽，然后把旋刀下调 2 mm 再紧好两头的螺丝，另外就是圆木含水率过低时，尽量多喷水稍放一个时候。再旋时基本上就可以消除板皮打卷。

(2) 旋切的单板厚度不均匀且无明显规律

故障原因：①测距编码器或电子尺部分损坏；②测速编码器损坏。

解决方案：①将快进频率调至 2Hz，快进观察原木直径变化是否连续，如存在明显停顿请更换测距编码器。②测量辊子转速是否与实际转速一致，如果测量值存在明显抖动则更换测速编码器。

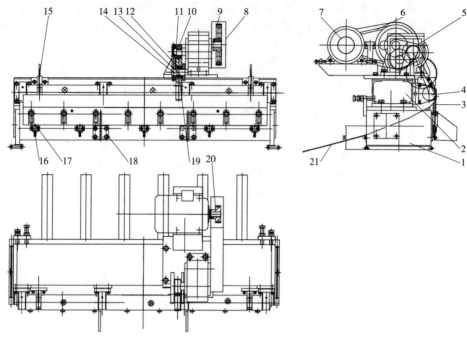

图 15-5 刀 架

1. 刀架体　2. 压辊架　3. 旋刀　4. 压辊　5. 传动齿轮箱　6. V型皮带　7. 电机　8. 安全罩
9. V型带轮　10. 齿轮　11. 轴套　12. 轴承　13. 轴套　14. 轴　15. 割刀组合　16. 定位块
17. 调整螺杆　18. 托架　19. 齿轮　20. 电机带轮　21. 托板

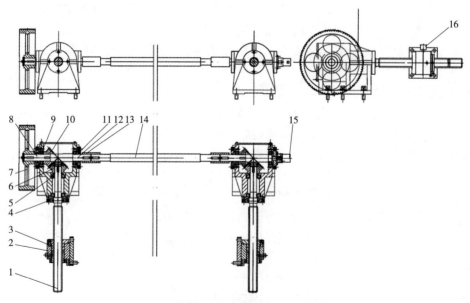

图 15-6 刀架进给装置

1. 丝杆　2. 螺母座　3. 螺母　4、8、11. 轴承盖　5、9. 轴承　6. 锥齿轮　7. 同步带轮
10. 齿轮箱　12. 轴　13. 联轴器　14. 传动轴　15. 旋转编码器　16. 油杯

(3) 旋切单板厚度不均匀且有逐渐变厚趋势

故障原因：①木段材质硬或较多节子，使变频器低频转矩不足；②电网电压较低。

解决方案：调节变频器参数或调节控制器参数前/后厚度补偿至合适值。

(4) 旋切的单板厚度不均匀且成明显的波浪状

故障原因：①旋切机进刀阻力大；②电机参数输入不正确。

解决方案：①在空载时变频器输出电流不会大于 5A，如果输出电流过大，则需调整旋切机本身，如加强润滑等；②正确输入电机铭牌上的参数。

四、实验内容

(1) 数控无卡轴旋切机的用途与优点。
(2) 数控无卡轴旋切机的工作原理。
(3) SWK130 型数控无卡轴旋切机的结构组成。
(4) SWK130 型数控无卡轴旋切机机身的结构特点。
(5) SWK130 型数控无卡轴旋切机双辊驱动装置的结构、摩擦辊的结构及传动原理。
(6) SWK130 型数控无卡轴旋切机刀架的结构、压辊的传动原理；旋刀的安装与高度调整方式、压辊与旋刀之间刀门间隙的调整。
(7) SWK130 型数控无卡轴旋切机刀架进给装置的结构、传动原理。
(8) SWK130 型数控无卡轴旋切机的操作使用。

五、实验报告

(1) 简述数控无卡轴旋切机的用途与优点。
(2) 简述数控无卡轴旋切机的工作原理。
(3) SWK130 型数控无卡轴旋切机的结构组成有哪些？
(4) 简述 SWK130 型数控无卡轴旋切机的摩擦驱动辊的结构特征及要求。
(5) 绘制摩擦驱动辊的传动链图，简述 SWK130 型数控无卡轴旋切机的双辊驱动装置的结构组成与传动原理以及旋转编码器的作用。
(6) 简述 SWK130 型数控无卡轴旋切机的刀架的结构组成，绘制压辊的传动链图，说明压辊的转动原理，简述旋刀的安装与高度调整方式、压辊与旋刀之间刀门间隙的调整方式。
(7) 简述 SWK130 型数控无卡轴旋切机刀架进给装置的结构，绘制刀架进给装置的传动链图，说明刀架进给装置的传动原理以及旋转编码器的作用。
(8) 绘制 SWK130 型数控无卡轴旋切机总体的传动链图。
(9) 简述数控无卡轴旋切机常见问题及处理方法。

实验 16 曲直线型封边机

一、实验目的与要求

通过本实验,掌握曲直线型封边机的用途、结构组成与工作原理,了解曲直线型封边机的主要技术参数,学会使用与调整封边机,了解封边机的日常管理与维护方法。

二、实验设备

KA-5 型曲直线型封边机。

三、相关知识概述

1. 曲直线型封边机的用途

曲直线型封边机适用于板式零件直线边缘或呈不规则曲线边缘的封边作业,用于家具、橱柜、室内装饰板材等诸多方面,应用广泛。该类封边机通常用于手工进料,生产效率较低,但结构简单,操作方便,工艺适应性强,适宜于单件小批量生产。

2. KA-5 型曲直线型封边机

KA-5 型曲直线封边机如图 16-1 所示,主要结构组成包括床身、操作控制面板、工作台、封边带托架、封边带送料装置、剪切机构、热熔型胶黏剂融化装置、涂胶装置、导向板(含微动开关)、引导辊、压辊、气动系统等。该机不带有修边装置,封边后需要用专门的修边机进行修边处理。

KA-5 型曲直线封边机的主要技术参数:封边带宽度为 10~50 mm;封边带厚度为 0.3~3.0 mm;进给速度为 0~12 m/min;最小封边半径为 20 mm;进给电机功率为 0.18 kW;加热功率为 1.2 kW;压缩空气压力为 0.3~0.6 MPa。

图 16-2 所示为从操作位置的对面即机床的后面拍摄的图像,可以进一步看出工作台面上的机构。从左至右分别是封边带进给装置、剪切机构、涂胶装置、导向辊、压辊。当对曲线轮廓边部进行封边时,压辊的位置可重新分布成曲线圆弧状安装。

封边带进给装置为辊筒进给机构,辊筒轴线竖直,一只辊筒位置固定,另一只辊筒在气缸的带动下可偏摆。当进给时,偏摆辊筒压住封边带;当偏摆辊筒松开时,进给停止。

剪切机构主要由剪切刀和气缸组成,剪切刀在气缸的带动下做前后移动,气缸活塞

实验 16　曲直线型封边机　·73·

图 16-1　KA-5 型曲直线封边机

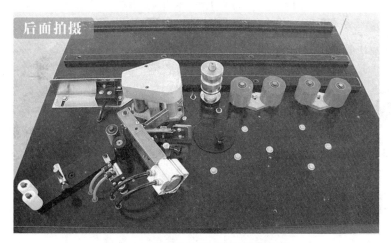

图 16-2　从操作位置对面拍摄的图像

杆伸出，剪切刀切断封边带。

图 16-3 为工作台上的放大图，从右至左分别是板件进给导向板、涂胶装置、导向辊、压辊。直线边缘的板材封边时，先调整压辊处于同一直线上。导向板上设有微动开关，当板件压在导向板向左移动时，板件前端压下微动开关发出电信号，启动封边带进给装置，封边带与板件同时进给，封边带和板材侧面均与涂胶辊接触涂胶，到压辊位置时，与板件贴合，继续向左进给，在压辊和人工的联合挤压下，封边带胶合到板件的侧面。当板件的后端松开微动开关时，剪切机构截断封边带，同时封边带进给装置停止进给。板件向左移动的速度要与封边带进给速度相一致，这需要操作者经过一定的训练才能达到要求。

4 只压辊分为 2 个组合。可以排列成直线，用于直线边缘的封边；也可以呈圆弧状排列，用于曲线边缘板材的封边。

如图 16-4 所示，导向辊上方设有一只可升降调节的压轮，根据封边带的宽度和板件的厚度进行调节，调节范围为 1~50 mm。

图 16-3　工作台放大图　　　　　图 16-4　导向辊

涂胶装置主要由胶罐、涂胶辊、涂胶量调节装置、加热装置、涂胶辊驱动装置等组成。采用热熔型胶黏剂，在进行封边前，应先加热融化胶黏剂，其温度由电控温度计控制，当达到规定的温度时，机床和涂胶辊才能启动运转。

图 16-5 所示为涂胶辊，涂胶辊表面为菱形滚花结构，涂胶辊的下半部浸泡在胶罐胶液中，涂胶辊通过设置在胶罐下方外部的驱动装置驱动旋转。涂胶辊表面的沟槽具有螺旋的作用，黏稠的胶液相当于螺母，随着涂胶辊的旋转，胶液向上移动，到达涂胶辊的顶部后再下落，使涂胶辊的表面布满胶液，确保封边带表面能均匀涂布胶液。通过调整刮胶板与涂胶辊之间的间隙调整涂胶量。

图 16-5　涂胶辊

四、实验内容

（1）曲直线型封边机的用途。
（2）KA-5 型曲直线封边机的结构组成。
（3）KA-5 型曲直线封边机使用的胶黏剂类型。
（4）KA-5 型曲直线封边机涂胶装置的结构组成。
（5）KA-5 型曲直线封边机涂胶辊的结构特点、涂胶的原理、驱动方式。
（6）KA-5 型曲直线封边机封边带进给机构。
（7）KA-5 型曲直线封边机封边带剪切机构。
（8）KA-5 型曲直线封边机导向辊的作用与调节。
（9）KA-5 型曲直线封边机压辊的安装方式与调节。
（10）KA-5 型曲直线封边机的使用操作。

五、实验报告

（1）简述曲直线型封边机的用途。
（2）KA-5 型曲直线封边机的结构组成有哪些？

(3) KA-5 型曲直线封边机使用何种胶黏剂？

(4) KA-5 型曲直线封边机涂胶装置的结构组成有哪些？

(5) 如何设置胶罐的加热温度？在胶黏剂温度没有达到设定值时，机床能否启动？

(6) KA-5 型曲直线封边机涂胶辊的结构有何特点？胶黏剂为什么能沿着涂胶辊向上移动？涂胶辊如何驱动？绘制涂胶辊传动链图。

(7) 简述 KA-5 型曲直线封边机封边带进给机构的原理，绘制封边机进给机构简图。

(8) 简述 KA-5 型曲直线封边机封边带剪切机构的原理，绘制封边带剪切机构简图。

(9) 简述 KA-5 型曲直线封边机导向辊的作用，如何调节？

(10) KA-5 型曲直线封边机的压辊在进行直线封边和曲线封边时，安装方式和要求有何不同？

(11) KA-5 型曲直线封边机可以使用的封边材料有哪些？

实验 17　砂光机

一、实验目的与要求

通过本实验，掌握履带进给的宽带式砂光机和履带进给的辊式砂光机的用途、结构组成与工作原理，了解砂光机的主要技术参数，学会使用与调整砂光机，了解砂光机的日常管理与维护方法。

二、实验设备

(1) RP5140 型履带进给的单砂架宽带式砂光机。

(2) 履带进给的辊式砂光机。

三、相关知识概述

1. 砂光机的用途与类型

砂光是一种特殊的切削加工工艺，是木材切削及家具加工中广泛采用的工序之一。它用砂带、砂纸或砂轮等磨具代替刀具对工件进行加工，目的是除去工件表面一层材料，消除前道工序在木制品表面留下的波纹、毛刺、沟痕等缺陷，使零件表面获得一定的厚度、必要的粗糙度和平直度，为后续的装饰工序建立良好的基面。砂光机的主要用途如下：

(1) 工件定厚尺寸校准磨削

主要用在刨花板、中密度纤维板、硅酸钙板等人造板的定厚尺寸校准。

(2) 工件表面精光磨削

用于消除工件表面经定厚粗磨或铣、刨加工后，工件表面的较大粗糙度，获得更光洁的表面。

(3) 表面装饰加工

在某些装饰板的背面进行"拉毛"加工，获得要求的表面粗糙度，以满足胶合工艺的要求。

(4) 工件油漆膜的精磨

对漆膜进行精磨、抛光，获取镜面柔光的效果。

砂光机的类型很多，按其砂削机构形式的不同一般可分为：带式砂光机、辊式砂光机、盘式砂光机和联合砂光机等。

带式砂光机是以套装并张紧在两个或三个辊筒上的无端砂带作为砂削机构，驱动辊筒带动砂带旋转实现砂削工件。以砂带的直线段或圆弧作为砂削区，可以砂削平面的或曲面的工件。带式砂光机按其砂带宽度又可分为普通带式砂光机和宽带式砂光机两种。普通带式砂光机（又称窄带砂光机）的砂带宽度一般在 400 mm 以下。宽带砂光机的砂带宽度一般在 600 mm 以上。宽带砂光机是一种高效、高精度、安全可靠的砂削设备。它具有许多优点，已逐渐取代其他类型砂光机，成为人造板、家具和木制品生产中的重要设备。

宽带式砂光机的核心部件是砂削组合体，是套装一根砂带的组件，简称为砂架。其形式有三种，即辊式砂架、压带式砂架和组合式砂架，如图 17-1 所示。图 17-1（a）为辊式砂架示意图。砂带张紧在两个辊筒上，接触辊 2 将砂带 1 压紧在工件 6 的表面上进行砂光。接触辊具有一定的硬度，砂带与工件接触面积小，砂削压力大，砂带粒度粗，砂削量大，砂削表面残留划痕，故用于粗砂。图 17-1（b）为压带式砂架示意图。砂带张紧在三个辊筒上，通过两个平行排列的导向辊 4 中间的弹性压带器（压板）5 将砂带 1 压紧在工件 6 表面上进行砂光的。压带器具有一定的宽度，砂带与工件接触面积较大，砂削压力较小，砂带粒度细，砂削量小，砂削表面光洁，故用于精砂。图 17-1（c）为组合式砂架示意图。组合式砂架是由接触辊 2 和压带器 5 组合而成，从原理上来讲它具有三种功能：升起压带器，降下接触辊，则成为辊式砂架，用于粗砂；升起接触辊，降下压带器，则成为压带式砂架，用于精砂；同时降下接触辊和压带器，则成为组合式砂架，用于联合砂光。但在实际应用中，一般都采用联合砂光。

辊式砂光机是以包覆在辊筒圆周面上的砂带作为砂削机构，通过辊筒旋转砂削工件。辊式砂光机与宽带砂光机相比，其砂带接触工件的时间较长，冷却、除尘效果差，磨粒间隙易被粉尘堵塞，故砂带使用寿命短，且更换费时，因此，辊式砂光机已被宽带砂光机替代。

盘式砂光机是以粘贴在圆盘端面上的砂布作为砂削机构，通过圆盘旋转砂削工件。盘式砂光机的砂削速度沿圆盘半径是变化的，即边缘速度最高，中心速度为零，因此圆盘的中心部分不作为砂削区。由于被砂削工件的纤维方向不可能与圆盘线速度方向一致，会因此损伤木材纤维，所以只适用于砂削工件的端面、侧面、凸凹表面和圆弧面。

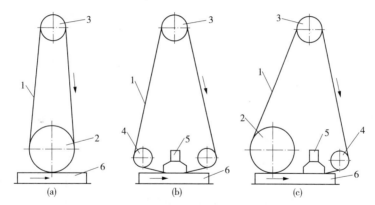

图 17-1 宽带式砂光机的砂架形式
（a）辊式砂架　（b）压带式砂架　（c）组合砂架
1. 砂带　2. 接触辊　3. 张紧辊　4. 导向辊　5. 压带器　6. 工件

2. RP5140 型履带进给的单砂架宽带式砂光机

RP5140 型履带进给的宽带式砂光机如图 17-2 所示，主要由机架、压带式砂架、压力规尺、砂带轴向窜动控制装置、工作台、进给机构、控制机构及除尘装置等组成。

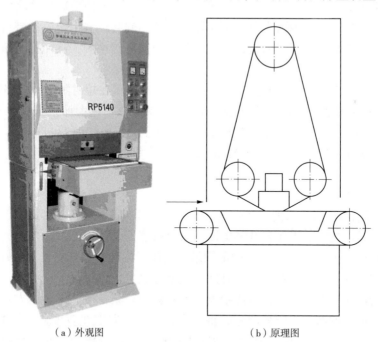

（a）外观图　　　　　　（b）原理图
图 17-2 履带进给的单砂架宽带式砂光机

其工作原理如图 17-2（b）所示，被砂削的工件置于绕在工作台上的进给履带上，传动装置带动履带及工件沿工作台面滑行，通过由电动机驱动的压带式砂架以及配置的前后压力规尺，压带器将砂带压在工件表面上进行砂光。砂下的木粉经吸尘管被吸走。

工作台与进给机构组合在一起，形成工作台部件。由于工作台幅面较小，所以整个工作台部件安装在一个圆导柱的上部，工作台的四个角部与机架之间采用导轨配合，圆导柱支撑在圆筒中，圆导柱底部设置有丝杆螺母机构，丝杆与圆导柱固定在一起，螺母旋转时丝杆做轴向移动，丝杆带动圆导柱升降，从而调整工作台的高度，以适应不同厚度工件的砂光。工件厚度大，工作台下调；工件厚度小，工作台上调。螺母的外圆周制作成蜗轮，蜗轮与蜗杆配合，蜗杆的一端与外部手轮相连，转动手轮即旋转蜗杆，蜗杆驱动蜗轮及螺母旋转，丝杆升降，从而实现工作台高度调整。

进给履带套装在工作台两端的两个辊筒上，其中一个辊筒由减速电机驱动，其进给速度可以无级变速，以适应不同材质的板件或砂削深度。

砂架的形式为组合式砂架，可以对工件表面进行粗砂和精砂。接触辊和导向辊的一端装有皮带轮，电机通过带传动驱动接触辊和导向辊。砂架的张紧辊两端由托架支撑，托架的中间部位支撑在气缸的柱塞上，缸筒固定在支架上。气缸上升，砂带被张紧；气缸下降，砂带松开。接触辊和压带器的高度均可以通过偏心机构进行微调，以调节砂削压力。砂削量由前压力规尺下表面和后压力规尺下表面之间的高度差来限定。

为了防止砂带跑偏而滑脱，提高砂削表面的质量，砂带做等速回转的同时，沿辊筒轴线方向在两端极限位置之间往复窜动。由于张紧辊托架支撑在气缸上，因此托架可以绕气缸轴线转动。通过窜动气缸的往返运动带动张紧辊在水平面内绕张紧气缸中心线的往复摆动，造成砂带两侧的张紧力轮流交替变大和变小，从而使砂带产生沿砂辊轴向往复窜动。砂带轴向窜动范围由光电开关或微动开关的安装位置确定，砂带触及光电开关或微动开关发出电信号控制窜动气缸气动回路上的换向阀换向，从而控制窜动气缸往复动作。

接触辊的皮带轮上设置有摩擦制动装置，能使接触辊在短时间内快速停转。

RP5140 型履带进给的宽带式砂光机的主要技术参数：最大加工宽度为 600 mm；加工厚度为 80 mm；砂带速度为 12.8 m/s；送料速度为 3~19 m/min；砂带尺寸为 1380 mm×600 mm；工作气压为 0.6 MPa；总电机功率为 8 kW。

3. 履带进给的辊式砂光机

图 17-3 所示为履带进给的辊式砂光机，主要结构组成包括机架、砂辊、砂辊驱动机构、工作台与进给机构、工作台升降机构、除尘系统等。

砂辊的结构如图 17-4 所示，砂辊的两端通过轴承安装在悬臂支架上，砂辊高度位置固定。悬臂支架的上方有盖板，工作时盖板盖上并锁定，以保证安全和便于除尘。砂辊采用铝合金管制造，砂管的表面包覆砂布。砂布裁成长条，按照螺旋的方式紧紧包覆在砂辊表面，在砂管的两端用压板和螺钉将砂布条的端头固定在砂辊上，如图 17-5 所示。砂辊的一端（左端）安装有皮带轮，砂辊由电机通过皮带传动驱动，转速固定，如图 17-6 所示。

工作台与工件进给机构集合成一个整体部件。工作台的高度位置可以调节，以适应不同厚度的工件，砂削厚度大的工件时，工作台向下调节，反之向上调节。工作台的高度调节机构为丝杆螺母机构，工作台支撑在 4 根丝杆上，螺母的位置固定，通过转动螺母驱动丝杆升降，螺母的外圆周为链轮，4 个链轮（螺母）通过一根链条连接在一起，

图 17-3　履带进给的辊式砂光机

图 17-4　砂　辊

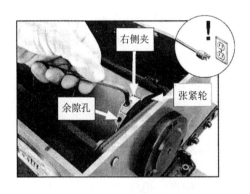

图 17-5　砂布在砂辊上的包覆

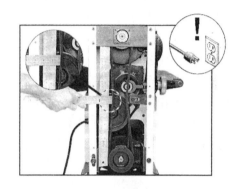

图 17-6　砂辊的驱动

链条运动时，4个螺母（链轮）同时转动，4根丝杆同时升降，带动工作台升降。4个螺母中有1个与蜗轮相连，蜗轮与蜗杆相啮合，通过手轮转动蜗杆，带动蜗轮，通过链条带动所有链轮（螺母）。

工作台的前后两侧各安装1根辊筒，采用无端的砂带作为进给履带，履带张紧在前后两侧的辊筒上，进料侧的辊筒为主动辊，由电机通过分离锥轮式无级变速器驱动，出料侧的辊筒为从动辊，从动辊的位置可由螺杆进行张紧调节。通过调速手轮可以调节分离锥轮式无级变速器的可动轮的位置，从而调节带传动的传动比，达到调速的目的，但是必须注意，只有在进给履带运行的情况下才能调节速度。当进给电机处于静止状态时，调整变速会损坏分离锥轮式无级变速器和调整机构。

该机的主要技术参数：最大砂削宽度为 457 mm；最大砂削高度为 127 mm，砂辊直径为 102 mm；工作台尺寸为 457 mm×533 mm；砂辊转速为 3300 r/min；进给速度为 0.52~3 m/min；电机功率为 1.5 kW。

最佳的砂削深度需根据木材的类型、进料速度和砂纸砂粒而变化。一次砂削的深度太大会造成堵塞、木材燃烧、砂纸快速磨损或者撕裂、光洁度不良和皮带打滑的现象。调节砂削深度时，旋转工作台高度调节手轮直至工作台到达最低位，然后升起工作台，使工件与砂布滚筒砂辊之间的间距合适。注意，当调整工作台砂削厚度更大的工件时，先降低工作台，然后再升起工作台，以消除调整机构引起的反冲。启动进给履带和砂辊，将工件送入砂光机，慢慢升起工作台直至工件与砂辊有轻微接触，这是开始砂削工作的正确高度。首次操作后，转动手轮 1/4 圈（约 0.4 mm。手轮转动一整圈，工作台升高约 1.5 mm），这是大多数砂光机的最大砂削深度。

变速手轮允许进给速度从 2 r/min 增加到 12 r/min，进给速度取决于工件的材质（硬木或软木）以及对工件砂光的阶段。较慢的进给速度将砂出更平滑的表面，但是可能会使木材燃烧。较快的进给速度将更快地清除物料，但是可能会使电机过载或者使砂纸损坏。启动进给电机，进给履带运转，逆时针旋转调速手柄使进给速度提高；反之，顺时针旋转手柄使进给速度降低。

这种辊式砂光机一次只能砂光一块工件，不要一次砂光一块以上的工件。厚度的微小变化会造成工件被高速旋转的砂辊推出，并从机器中反弹出来。操作者应站在侧面送进或取回工件，不要直接站在出料端的前面，否则会造成人身伤害。

在不调整工作台高度的情况下砂光宽工件时，需要砂削两次或者三次，两次操作之间将工件转动 180°，以确保平整的砂光表面。

在使用辊式砂光机时，还应注意以下几点：①更换更细砂粒的砂布达到更好的光洁度。②升高工作台调节砂削深度时，最大为手轮转动 1/4 圈直至工件达到要求的厚度。③将一块以上相同厚度的工件送入砂光机时，应使第二块工件的前端接触第一块工件的后端而进行砂光，以减少工件端部的厚度误差。④在进给履带宽度上的不同点将工件送入砂光机，可以最大限度地延长砂布寿命并防止进给履带不均匀的磨损。⑤不要砂光长度小于 152.4 mm 或者厚度小于 3.2 mm 的工件，以防止损坏工件和砂辊。⑥不要对工件进行边缘砂光，这样会引起工件反冲，从而造成人身伤害。边缘砂光还会造成对进给履带和砂布的损坏。

四、实验内容

(1) 砂光机的用途与类型。
(2) 宽带式砂光机的特征。
(3) 宽带式砂光机的砂架形式及其特点。
(4) 宽带式砂光机的进给方式。
(5) RP5140 型履带进给的宽带式砂光机的结构组成，各组成部分的作用。
(6) RP5140 型履带进给的宽带式砂光机所使用的组合式砂架的结构特征、结构组成。
(7) 砂带的更换操作。
(8) 砂带的张紧操作。
(9) 砂带的轴向窜动操作。
(10) 接触辊的升降调节及其高度微调。
(11) 压带器的结构及其升降调节。
(12) 砂带运行操作。
(13) 工作台与进给机构的结构。

（14）工作台的升降调节。
（15）进给履带的张紧调节、运行启动操作、进给速度的调节。
（16）采用 RP5140 型履带进给的宽带式砂光机进行砂削木板的砂光操作。
（17）辊式砂光机的结构组成，各组成部分的作用。
（18）砂辊的结构特点与砂布的包覆与固定方式。
（19）砂辊的驱动方式。
（20）工作台与进给机构的组成。
（21）工作台的升降机构的结构与调整操作。
（22）进给机构的结构与进给速度调节。
（23）采用辊式砂光机进行木板的砂光操作。

五、实验报告

（1）砂光机的用途与类型有哪些？
（2）宽带式砂光机有哪些特征？
（3）简述宽带式砂光机的砂架形式及其特点。
（4）简述宽带式砂光机的进给方式。
（5）根据砂架的布局及进给方式，说明宽带式砂光机有哪些类型？
（6）简述 RP5140 型履带进给的宽带式砂光机的结构组成，各组成部分的作用，主要技术参数。
（7）简述 RP5140 型履带进给的宽带式砂光机所使用的组合式砂架的结构特征、结构组成。
（8）RP5140 型履带进给的宽带式砂光机如何更换砂带？如何张紧砂带？
（9）砂带宽带式砂光机的砂带为何要进行轴向窜动？绘制简图说明其原理。
（10）简述 RP5140 型履带进给的宽带式砂光机接触辊的升降调节机构及其高度微调方式。
（11）简述 RP5140 型履带进给的宽带式砂光机压带器的结构及其升降调节方式。
（12）绘制 RP5140 型履带进给的宽带式砂光机砂带的驱动的传动链图。
（13）简述 RP5140 型履带进给的宽带式砂光机的工作台与进给机构的结构，结合简图说明工作台升降调节原理和进给履带速度的调节原理。
（14）简述采用 RP5140 型履带进给的宽带式砂光机进行砂削木板的砂光操作的过程及砂削工艺参数。
（15）简述履带进给辊式砂光机的结构组成，各组成部分的作用，主要技术参数。
（16）结合图示说明辊式砂光机砂辊的结构特点，以及砂布的包覆与固定方式。
（17）绘制辊式砂光机砂辊的驱动的传动链图。
（18）绘制辊式砂光机工作台结构简图，并说明其升降调节结构的工作原理。
（19）绘制辊式砂光机进给机构的结构简图，并说明进给速度调节的原理。
（20）描述采用辊式砂光机砂削木板的操作过程及注意事项。

实验 18 压　机

一、实验目的与要求

通过本实验，掌握小型手动液压冷压机和贴面热压机的用途、结构组成与工作原理，了解压机的主要技术参数，学会使用与调整压机，了解压机的日常管理与维护方法。

二、实验设备

（1）手动液压冷压机。
（2）贴面热压机。

三、相关知识概述

1. 压机的用途与类型

压机不仅广泛用于压制各种人造板，如胶合板、纤维板、刨花板、细木工板、装饰贴面板等产品，而且广泛用于压制各种木制成型零件、弯曲木以及板式家具零件的表面覆贴等。

由于压机的用途不同，故其类型较多。根据压机的工作方式，可分为周期式和连续式压机；根据压制产品的形状，可分为普通平压机和成型压机；根据压制产品的种类，可分为胶合板压机、纤维板压机、刨花板压机、装饰板压机、弯曲木压机等；根据加工工艺，可分为预压机、冷压机、热压机等；根据压机机架结构形式，可分为液压式和机械式压机；根据压机的压板板面压力大小，可分为低压（<1.5 MPa）压机、中压（1.5~5 MPa）压机、高压（5~7 MPa）压机；根据压机层数多少，可分为多层压机和单层压机。压机的主要技术参数包括压机幅面尺寸、层数、总压力等。

2. 手动液压冷压机

图 18-1 所示为手动液压冷压机，可用于木工拼板的冷压、模压等。其主要结构组成包括框架、下压梁、单作用柱塞式油缸、手动油泵、压力表、单控制阀等。在焊接框架的上横梁上安装有向下加压的油缸，通过手动油泵向油缸供油。下压梁通过销子支撑在框架的侧壁上，根据被压制工件的厚度，可调节下压梁的高度。压机的主要技术参数：总压力为

 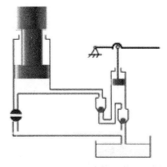

图 18-1　手动液压冷压机　　　图 18-2　手动液压冷压机的原理图

10 t，油缸柱塞直径为 45 mm，油缸行程为 200 mm，最大工作油压为 63 MPa。

手动液压冷压机的工作原理与液压千斤顶基本相同，如图 18-2 所示。手动油泵的组成包括泵体部分、手柄部分、储油箱、后座部分。泵体部分是油泵的主要部分，高压工作腔、低压工作腔、两个单向阀、卸载阀、进油口等都在上面。各处孔有机联系在一起，两个单向阀是防止压力油回流。两个单向阀的规格、作用是一样的。工作完毕后松动卸载阀、压力油流回储油管，完成卸载。手柄部分主要由压杆、压把组成，靠两个销子与泵体和柱塞连接。手动操纵压杆带动柱塞做往复运动，产生油液的压力。

在操作小型液压冷压机时，先关闭卸载阀，扳动油泵的操纵杆，向油缸的上腔供油，活塞杆下降。打开卸载阀，油缸活塞杆在弹簧的作用下向上移动，上腔的液压油返回油泵的储油箱。

在压制制品时，先根据制品的受压面积和所需的板面压力计算好所需的油压，然后将制品放入压机中，关闭卸载阀，扳动油泵的操纵杆，向油缸的上腔供油，活塞杆下降开始加压，直到压力表的压力达到要求为止，然后进行保压。

3. 贴面热压机

图 18-3 所示为 U8 型单层贴面热压机，主要由机架 1、上热压板 2、下热压板 3、下顶板 8、液压系统 6、液压缸 7、下顶板的平衡机构 9 及电控箱 4 等组成。主要用于板式零件的贴面，可加工板材的幅面尺寸为 1220 mm×2440 mm。

机架 1 是由型钢和钢板焊接而成的整体框架，保证足够的强度和刚度。下顶板 8 也是由型钢和钢板焊接而成。在机架 1 的下横梁上装有 6 只柱塞式液压缸 7，液压缸 7 的柱塞上端与下顶板 8 的下表面连接。上热压板 2 通过螺栓固定在机架 1 的上横梁的下表面上，下热压板 3 通过螺栓装在下顶板 8 的上表面上。在上热压板 2 和上横梁的下表面以及下热压板 3 和下顶板 8 之间均装有隔热板，以减小热量的损失和防止机架受热变形。热压板采用硬质铝板制成，具有极佳的传热作用，预热时间很短。加热介质可为蒸汽、热水或热油。

由液压系统 6 向柱塞式液压缸 7 供油，使液压缸的柱塞上升完成压机的闭合和加压。当热压结束，液压系统卸压，油缸 7 中油液在下热压板、下顶板 8 及柱塞重力的作用下排回油箱，压机张开。4 只定位杆 10 用于确定下热压板的初始位置。平衡机构 9 为平行连杆机构,用于保证下热压板 3 及下顶板 8 能平稳地升降。为保证操作工的安全,在机架 1 的四周装有安全绳 5。当操作工碰及安全绳 5 时,安全绳 5 带动一安全开关使液压系统失电,压机停止闭合。

如果将这种压机的开档加大,并在开档中均匀布置几块热压板便可成为多层热压机。图 18-4 所示为三层贴面热压机。

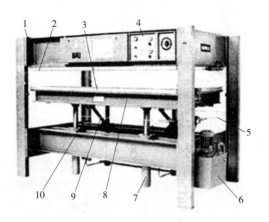 

图 18-3　单层贴面热压机　　　　　图 18-4　三层贴面热压机

1. 机架　2. 热压板　3. 下热压板　4. 电控箱
5. 安全绳　6. 液压系统　7. 柱塞式液压缸
8. 下顶板　9. 平衡机构　10. 定位杆

四、实验内容

（1）手动液压冷压机的用途。
（2）手动液压冷压机的结构组成。
（3）手动液压冷压机的工作原理。
（4）手动液压冷压机的使用操作。
（5）贴面热压机的应用场合。
（6）贴面热压机的结构组成。
（7）贴面热压机的机架结构与要求。
（8）贴面热压机的热压板结构与加热介质回路。
（9）贴面热压机的隔热板结构与作用。
（10）贴面热压机的下顶板结构与要求。
（11）贴面热压机的油缸安装方式与数量。
（12）贴面热压机的液压系统。
（13）贴面热压机的下顶板平衡机构与工作原理。
（14）贴面热压机的加热温度控制。
（15）贴面热压机的压力控制。

（16）贴面热压机的使用操作。

五、实验报告

（1）手动液压冷压机的用途有哪些？
（2）简述手动液压冷压机的结构组成，结合图示说明其工作原理。
（3）简述手动液压冷压机的使用操作方法。
（4）贴面热压机的应用场合有哪些？
（5）简述贴面热压机的结构组成。
（6）简述贴面热压机的机架结构与要求。
（7）简述贴面热压机的热压板结构与加热介质回路。
（8）简述贴面热压机的隔热板结构与作用。
（9）简述贴面热压机的下顶板结构与要求，以及升降平衡结构的结构与工作原理。
（10）简述贴面热压机的油缸安装方式与数量，绘制液压系统图。
（11）简述贴面热压机的加热温度与压力控制方式。
（12）简述贴面热压机的使用操作方式与注意事项。

实验 19　木工加工中心

一、实验目的与要求

通过本实验，掌握木制品制造领域所用木工加工中心的类型、用途、结构组成与工作原理，了解木工加工中心的主要技术参数、机床操作注意事项、五轴联动与三轴联动加工中心的区别。了解工件的装夹方式及装夹装置。了解木工加工中心的日常管理与维护方法。

二、实验设备

（1）VS1326A ATC 型三轴联动加工中心。
（2）MGK01A 型高速木材复合加工中心。
（3）SMART 型五轴联动加工中心。
（4）E81212 型五轴联动加工中心。

三、相关知识概述

1. 木工加工中心的用途与类型

木工加工中心是配置有刀具库并能实现自动换刀,对工件进行多工序加工的数控木工机床。能将木材加工中的锯切、铣削、钻削、开槽、铣榫、砂光、封边等多种加工功能集中于一台机床上进行,使其具有多种加工手段,在工件一次装夹的情况下,完成多道工序或全部工序的加工。具有加工精度高、生产效率高的优点。其适用范围:①中、小批量,周期性加工,产品品种的变化快,并有一定复杂程度的工件;②同一工件上有不同位置的多个平面加工和其他的孔、槽加工;③形状复杂的内外曲线、曲面轮廓零件的加工和艺术性雕刻加工。

木工加工中心是在数控木工铣床的基础上发展而来的,与数控木工铣床的最大区别是配置了刀具库。1958年美国率先开发出了数控木工铣床,1968年日本庄田(SHOAD)公司也制造出了数控木工镂铣机。随着计算机技术的发展,1982年英国威德金(Wadkin)公司成功开发了计算机控制的CNC木工镂铣机和木工加工中心。目前,德国、意大利、美国、日本、中国是木工加工中心的主要生产国。

木工加工中心由于工序集中和自动换刀,减少了工件的装夹、测量和机床调整的时间,同时也减少工序之间的工件周转、搬运和存放时间,缩短了生产周期,故生产效率高;又由于木工加工中心能有效地避免工件由于多次安装造成的定位误差,故加工精度高。因此,木工加工中心特别适用于品种更换频繁、零件形状复杂、精度要求高、生产批量不大而生产周期短的产品加工。木工加工中心在板式家具、实木家具、木质门窗、木结构建筑、木雕艺术品、木模制造等领域得到广泛的应用。

木工加工中心的类型较多,分类方法较多。按主轴的所处的状态分为立式(垂直布置)、卧式(水平布置)和立卧复合式,立式比较常见。根据工作台、立柱和横梁的结构布局,以及坐标轴运动方式,立式木工加工中心的结构形式(图19-1)又分为:(a)工作台固定的龙门式、(b)工作台固定的固定悬臂式、(c)工作台固定的活动悬臂式、(d)工作台运动的龙门式、(e)工作台运动的固定悬臂式、(f)工作台运动的活动悬臂式。按照联动的坐标轴数,可分为三轴联动式、四轴联动式、五轴联动式。按照工作台的数量,可分为单工作台式、双工作台式。

木工加工中心的组成包括主机和控制系统两大部分。主机包括床身、传动系统、导向装置、主轴箱、工作台、立柱、横梁、进给机构、辅助机构、刀具库、换刀装置等。控制系统包括硬件和软件部分。硬件有计算机数控装置(CNC)、可编程控制器(PLC)、输入输出设备、主轴驱动装置、显示装置等。软件包括系统程序和控制程序等。木工加工中心通常具有3~5轴联动的功能。

通过控制系统按照不同工序,自动选择和更换刀具,自动调整主轴转速、进给量和刀具与工件之间的相对运动轨迹以及其他辅助功能,从而完成复杂的加工过程。控制系统具有的辅助功能有固定循环、刀具半径补偿、刀具长度补偿、刀具破损监控、丝杆间

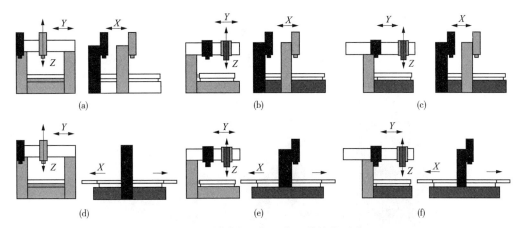

图 19-1 立式木工加工中心的结构形式

隙补偿、图形与加工过程显示、人机对话等，用以提高生产效率，保证产品质量。主轴采用电主轴，结构紧凑，调速范围大，其转速采用变频无级调节，常见的最高转速有 18000 r/min、24000 r/min 等。电主轴的功率一般为 4~15 kW，而有的电主轴的最大功率已达 24 kW。电主轴的冷却方式有内置水冷和风冷两种，风冷比较常见。传动机构主要采用滚珠丝杆螺母副或高精度的齿轮齿条机构，由伺服电机直接驱动，结构简单，传递精度高、速度快，一般进给移动速度为 0~25 m/min，最高可达 70 m/min。导轨采用高精度的滚珠导轨，能长期保持导轨的精度和运动的灵敏度。刀具库形式有盘式、链式、格子箱式、直线式等，其中盘式应用较多。主轴与刀具库之间进行刀具交换的方式通常分为有机械手换刀和无机械手换刀两类，无机械手换刀是通过主轴和刀具库之间的相对运动实现的，结构简单、成本低，应用普遍。

2. VS1326A ATC 型三轴联动加工中心

VS1326A ATC 型三轴联动加工中心是一种典型的木工加工中心，如图 19-2 所示。适用于免漆门、实木门、各种板式家具、橱柜、装饰材料等铣型雕刻加工，以及板式家具生产中人造板的开料（俗称大板套裁）。主要结构组成包括床身、龙门架、电主轴、Z 轴移动滑架、X 轴移动滑架、斗笠式刀具库、真空吸附工作台、真空泵、数控系统等。

主轴电机安装在 Z 轴移动滑架上，由伺服电机通过丝杆机构驱动沿垂直导轨升降，实现 Z 轴方向进给；Z 轴移动滑架安装在 X 轴移动滑架上，X 轴移动滑架由伺服电机通过齿轮齿条机构驱动沿龙门架横梁上的水平导轨移动，实现 X 轴方向的进给；龙门架由伺服电机通过齿轮齿条机构驱动沿床身两侧的导轨运动，实现 Y 轴方向的进给。

这种三轴联动的加工中心带有一种容量为 8 只刀具的斗笠式刀具库，可以完成 8 个以上的工序加工。刀具库的位置固定，刀具库可由伺服电机驱动旋转。自动换刀时，通过刀具库和主轴之间的相对运动实现自动换刀。换刀时电主轴停止转动并沿 Z 轴移动换刀的高度位置，刀具库转动将原先刀具的刀夹对准电主轴，电主轴沿 $-X$ 轴向移动，将要换下的刀具卡到刀具库上。主轴内部的刀具夹紧机构松开刀具，电主轴上升，换下旧刀具；刀具库再转动，将新刀具转动主轴的下方，电主轴下降，新刀具的刀柄插入到主

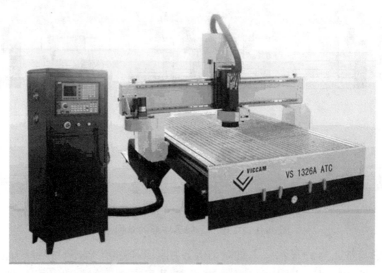

图 19-2　VS1326A ATC 型三轴联动加工中心

轴孔中,并由刀具夹紧机构夹紧,电主轴沿 X 轴向水平移动,远离刀具库,完成换刀。8 只刀具在安装时必须进行精确对刀,每只刀具的安装长度和直径必须精确测量并将测量数据输入到数控系统中,以便数控系统能进行刀具长度补偿和刀具半径补偿计算。

工作台面上开有真空吸附口,工件既可以采用真空吸附装夹,也可以采用压板装夹。工件装夹后,应手动控制移动刀架确定工件坐标系原点。

主要技术参数:工作台面尺寸为 1540 mm×3200 mm;最大雕刻尺寸为 1300 mm×2500 mm;Z 轴行程为 220 mm;最高行进速度为 35 m/min;主轴转速为 0~24000 r/min;主轴功率为 9 kW;刀柄直径为 3.17~12.7 mm。

3. MGK01A 型高速木材复合加工中心

MGK01A 型高速木材复合加工中心也是一种典型的三轴联动木工加工中心,如图 19-3 所示,能实现 X、Y、Z 轴联动加工,主要用于板式家具板件的铣型、打孔、开槽等加工。工件一次装夹后,完成全部工序的加工。

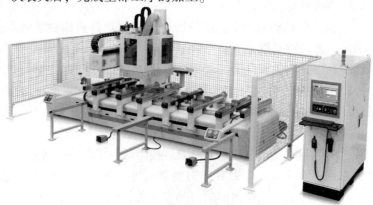

图 19-3　MGK01A 型高速木材复合加工中心

该加工中心由切削加工工作头（包括 1 根电主轴、1 根锯轴、1 组排钻）、8 刀位盘式刀具库、工作头升降机构、移动式悬臂梁（完成工作头的纵横移动进给）、梁式工作台（具有左右两个工位）及真空杯、床身、对刀器、润滑系统、吸尘系统、气压系统、数控系统等组成。

图 19-4 所示为主轴，主轴采用电主轴，功率为 12 kW，转速可在 0~24000 r/min 内无级变速，与盘式刀具库配合实现自动换刀。图 19-5 所示为盘式刀具库，共有 8 个工位。图 19-6 所示为排钻与锯切组合工作头，锯轴的轴线为水平，电机轴上直接安装圆锯片，锯轴转速不可调；排钻组件共有 18 根钻轴，其中 14 根竖直钻轴在水平面内沿 X、Y 轴向成直角布置，用于钻削板件上表面上的孔；4 根水平钻轴，2 根钻轴沿 X 轴布置，2 根钻轴沿 Y 轴向布置，每根水平钻轴的两端均装有钻头，分别用于钻削板件 4 个侧面上的孔，所有钻轴由 1 台电机驱动。

图 19-4　电主轴

图 19-5　盘式刀具库

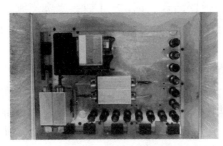
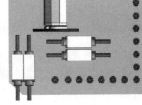
图 19-6　排钻及锯切头

该加工中心采用 X、Y、Z 三轴联动。X 坐标轴进给由伺服电机通过齿条机构使悬臂梁沿床身长度方向进给移动实现；Y 坐标轴进给由伺服电机通过滚珠丝杆机构驱动沿悬臂梁移动进给；Z 坐标轴进给由伺服电机通过滚珠丝杆机构沿垂直方向移动进给。

该加工中心的工作头上具多根主轴，1 根电主轴、1 根锯轴、14 根竖直钻轴、2 组水平钻轴（4 根钻轴按坐标轴方向分成 2 组，分别动作），它们可分别由气缸驱动快速升降，实现刀轴的选择，也属于一种换刀的方式。

电主轴配有一只 8 刀位的盘式刀库，可以完成 8 个以上的工序加工。刀具库安装在悬臂梁的支撑立柱上，随悬臂梁一起沿 X 轴向移动。同时，刀具库由气缸驱动沿 Y 轴向移动，刀具库由伺服电机驱动旋转。其换刀过程与前述 VS1326A ATC 型三轴联动加工中心的换刀过程类似，也是通过刀具库和主轴之间的相对运动实现自动换刀。自动换刀时，电主轴停止转动，沿 -Y 轴向移动到换刀位置，再沿 Z 轴移动到换刀的位置高度，刀具库转动将原先刀具的刀夹对准电主轴，刀具库在气缸的驱动下沿 Y 轴移动，将要换下的刀具卡到刀具库上。主轴内部的刀具夹紧机构松开刀具，电主轴上升，换下旧刀具；刀具库再转动，将新刀具转动主轴的下方，电主轴下降，新刀具的刀柄插入到主轴孔中，并由刀具夹紧机构夹紧，刀具库在气缸的驱动下反向移动复位，远离电主轴，完成换刀。

该加工中心以加工板式零件为主，工件通过真空杯固定在工作台上，工作台的边部有定位气缸。采用真空杯吸附工件具有两点优势：①真空杯可移动，可避开工件上需要通透加工的部位，如各种通孔、槽等；②工件边部悬空，可进行边部铣削、锯切加工以及侧面上钻孔加工。

该加工中心的主要技术参数：加工台面尺寸 3300 mm×1220 mm；X 轴加工行程为 3500 mm、Y 轴加工行程为 1500 mm、Z 轴加工行程为 250 mm；X 轴方向最高移动速度为 70 m/min、Y 轴最高移动速度为 50 m/min、Z 轴方向最高移动速度为 18 m/min；电主轴功率为 12 kW；电主轴转速为 0~24000 r/min；电主轴的刀柄形式为 HSK-F63；刀库容量为 8；排钻组功率为 1.7 kW；锯轴功率为 1.7 kW；锯片直径为 ϕ120 mm；真空泵功率为 5.5 kW；抽风量为 140 m^3/h。

4. SMART 型五轴联动加工中心

SMART 型五轴联动加工中心能够进行多种不同的组合加工。通常可以完成几种传统的加工，如钻孔、开榫槽（眼）、开榫、指榫结合、锯切、4 或 5 坐标连续轮廓曲线、壳体的外形、椅子、桌子及沙发零件的雕刻等。该加工中心还能够加工各种塑料及铝材。图 19-7 所示为常见的几种加工方式。

图 19-8 所示为 SMART 型五轴联动加工中心外观图，主要结构组成包括底座、立柱、切削工作头、刀架、刀架重量平衡机构、XY 纵横移动工作台、工作台 XY 轴进给机构、刀架 Z 轴进给机构、BC 旋转轴进给机构、真空吸附系统、润滑系统、控制系统等。

图 19-9 所示为切削工作头，它由 2 只电主轴十字交叉组合而成，每只电主轴的两轴端各装 1 只刀具，一次最多可以安装 4 只不同的刀具，形成具有 4 个刀具的回转刀架，可以完成 4 个以上的工序加工。切削工作头在刀架上可以绕 X 轴和 Y 轴旋转，实现 B 轴和 C 轴的圆弧进给。刀架沿由伺服电机通过丝杆机构驱动，沿垂直轨道升降，实现 Z 轴方向的进给。纵横移动的工作台由伺服电机驱动实现 X、Y 轴方向的进给。X、Y、Z、B、C 五轴联动，可以实现法线加工（刀具轴线能始终垂直于被加工的表面），完成复杂结构零件的加工。需要换刀时，由数控系统发出指令，选好所需的刀具，使刀架绕 B 轴转动实现自动换刀。

加工中心最主要的特征是能在多工序加工过程中实现自动换刀，因此，4 只刀具在安装时必须精确对刀，每只刀具的安装长度和直径必须精确测量并将测量数据输入到数

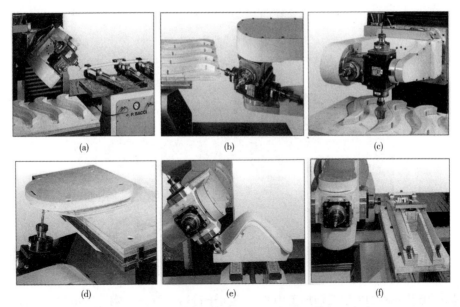

图 19-7　SMART 型五轴联动加工中心常见的加工方式
(a)(b) 斜面上钻孔　(c) 轮廓铣削加工　(d) 底面上加工
(e) 空间曲线轮廓加工　(f) 曲线沟槽加工

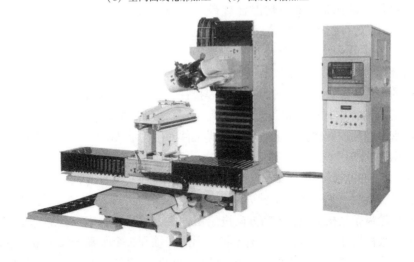

图 19-8　SMART 型五轴联动加工中心外观图

控系统中去，以便数控系统能进行刀具长度补偿和刀具半径补偿计算。由于电主轴的两端均安装有刀具，因此两只刀具的刀刃旋向是不一样的，一端为右旋、另一端为左旋，不能装错。工件装夹后，应手动控制移动刀架确定工件坐标系的原点。

该加工中心的主要技术参数：X 轴加工行程为 1560 mm、Y 轴加工行程为 1800 mm、Z 轴加工行程为 1000 mm；B 轴旋转角度无限制、C 轴旋转角度为 400°；X、Y、Z 轴最大进给速度为 60 m/min；主轴转速为 0~24000 r/min；刀具最大直径为 200 mm；刀具最大安装数量为 4 只。

图 19-9 切削工作头

5. E81212 型五轴联动加工中心

图 19-10 为 E81212 型五轴加工中心，适用于铸造、汽车、陶瓷卫浴洁具、轮船、游艇、航天化工、风力发电、轨道交通、工艺品、三维立体加工、玻璃钢修边、树脂件加工及其他固体炭化件立体加工等领域。适用于加工多种材料，如木料、保丽龙泡沫、石膏、树脂、油泥、其他非金属炭化混合材料。采用意大利 OSAI 控制系统，带 RTCP 功能，特别适合于超大型三维立体曲面加工。

该加工中心主要由床身底座、龙门架、工作台、主轴、刀库、进给传动装置、控制箱、数控系统等组成。机架的整体结构为龙门架式，由于门架重量较大，故采用门架固定、工作台移动的方式。床身底座与龙门架均为焊接件，通过螺栓连接在一起。移动工作台实现 Y 轴方向的进给，由伺服电机通过同步带、丝杆螺母副驱动，工作台表面具有纵横沟槽，可通过密封圈围成真空吸附区实现对板式工件的吸附装夹。工作台的两侧带有 T 型沟槽，方便采用螺栓和压板对工件进行装夹。主轴为水冷型的电主轴，安装在双向摆头上，可实现 A 轴、C 轴的旋转进给，如图 19-11 所示。双摆角主轴通过纵横滑架安装在龙门架的横梁上，可实现沿水平方向的 X 轴进给和沿竖直方向的 Z 轴进给。X 轴进给由伺服电机通过高精度齿轮齿条结构实现，Z 轴方向进给由伺服电机通过精密丝杆螺母副实现。双摆角主轴配备在数控机床上，由数控系统控制 2 个回转轴和 3 个平动轴实现五轴联动，从而可加工出复杂连续的曲面。由于加工自由度的增加和数控系统控制，使得五轴联动数控机床的加工能力大大提升，对于复杂三维曲面的加工既有很高的加工效率，同时也能保证很高的加工精度。采用 8 工位的盘式刀库，实现自动换刀，方便多工序零件的加工。

该加工中心的数控系统采用意大利 OSAI 系统，图 19-12 为 OSAI 系统的主界面。

该加工中心的主要技术参数：X 轴行程为 1720 mm、Y 轴行程为 1820 mm、Z 轴行程为 750 mm；A 轴旋转范围为 ±185°、C 轴旋转为 ±320°；最大加工幅面尺寸为 1200 mm×1200 mm；X 轴最大进给速度为 60 m/min、Y 轴最大进给速度为 60 m/min、Z 轴最大进给速度为 20 m/min；主轴功率为 8.5 kW；主轴最高转速为 18000 r/min；刀库容量为 8。

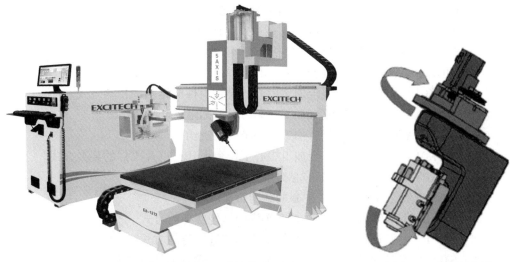

图 19-10　E81212 型五轴联动加工中心的外观图　　图 19-11　双摆角主轴

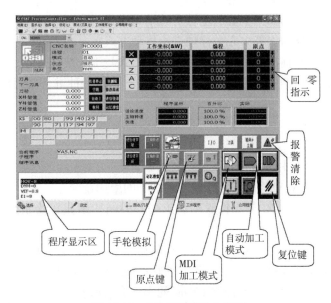

图 19-12　OSAI 系统的主界面

四、实验内容

(1) 木工加工中心的用途与类型。
(2) VS1326A ATC 型三轴联动加工中心的应用场合。
(3) VS1326A ATC 型三轴联动加工中心的结构组成。
(4) VS1326A ATC 型三轴联动加工中心的主传动和进给传动。
(5) VS1326A ATC 型三轴联动加工中心的刀具库及换刀方式。
(6) VS1326A ATC 型三轴联动加工中心工件的装夹方式。

（7）MGK01A 型高速木材复合加工中心的用途。
（8）MGK01A 型高速木材复合加工中心的结构组成。
（9）MGK01A 型高速木材复合加工中心工作头的结构组成。
（10）MGK01A 型高速木材复合加工中心主轴传动方式。
（11）MGK01A 型高速木材复合加工中心的排钻组件与锯轴的传动方式。
（12）MGK01A 型高速木材复合加工中心刀具库的形式与换刀方式。
（13）MGK01A 型高速木材复合加工中心坐标轴进给传动方式。
（14）MGK01A 型高速木材复合加工中心工作台形式，以及工件的装夹方式。
（15）SMART 型五轴联动加工中心的用途。
（16）SMART 型五轴联动加工中心的结构组成。
（17）SMART 型五轴联动加工中心工作头的结构及换刀方式。
（18）SMART 型五轴联动加工中心的主传动和进给传动方式。
（19）SMART 型五轴联动加工中心工作台结构形式及工件装夹方式。
（20）E81212 型五轴加工中心的用途。
（21）E81212 型五轴加工中心的主轴头的结构形式。
（22）E81212 型五轴加工中心坐标轴进给传动方式。
（23）E81212 型五轴加工中心工作台的结构形式与工件装夹方式。
（24）根据实际情况在上述四种木工加工中心中选择一种进行使用操作。

五、实验报告

（1）简述木工加工中心的含义、用途与类型。
（2）简述 VS1326A ATC 型三轴联动加工中心的应用场合。
（3）简述 VS1326A ATC 型三轴联动加工中心的结构组成，绘制其主传动链和进给传动链，说明传动原理。
（4）结合简图说明 VS1326A ATC 型三轴联动加工中心的刀具库及换刀过程。
（5）结合简图说明 VS1326A ATC 型三轴联动加工中心工件的装夹方式。
（6）MGK01A 型高速木材复合加工中心的用途有哪些？
（7）简述 MGK01A 型高速木材复合加工中心的结构组成，绘制其主传动链和进给传动链，说明传动原理。
（8）结合简图说明 MGK01A 型高速木材复合加工中心工作头的结构。
（9）结合简图说明 MGK01A 型高速木材复合加工中心的排钻组件与锯轴的传动方式。
（10）结合简图说明 MGK01A 型高速木材复合加工中心刀具库的形式与换刀方式。
（11）结合简图说明 MGK01A 型高速木材复合加工中心工作台形式，以及工件的装夹方式。
（12）SMART 型五轴联动加工中心的用途有哪些？
（13）简述 SMART 型五轴联动加工中心的结构组成，绘制其主传动链和进给传动链，说明传动原理。

(14) 结合简图说明 SMART 型五轴联动加工中心工作头的结构及换刀方式。
(15) 结合简图说明 SMART 型五轴联动加工中心工作台结构形式及工件装夹方式。
(16) E81212 型五轴加工中心的用途有哪些？
(17) 简述 E81212 型五轴加工中心的主轴头的结构形式，绘制其主传动链和进给传动链，说明传动原理。
(18) 结合简图说明 E81212 型五轴加工中心工作台的结构形式与工件装夹方式。
(19) 五轴联动加工中心与三轴联动加工中心在结构、性能上有何区别？
(20) VS1326A ATC 型三轴联动加工中心与 MGK01A 型高速木材复合加工中心有何区别？
(21) SMART 型五轴联动加工中心与 E81212 型五轴加工中心有何区别？
(22) 设计木质零件图，根据所选用加工中心的数控系统，编制加工程序，将程序输入机床的数控装置，按照的使用规程，加工出零件。将整个过程写成报告。

实验 20　中密度纤维板虚拟仿真生产线

一、实验目的与要求

由于人造板生产线工序多、流程长、设备多、尺寸大、连续化生产、自动化程度高、生产效率高、投资成本高，校内无法建立实体实验室，所以通过虚拟仿真的方式进行。通过生产线虚拟仿真实验，展示中密度纤维板生产线，掌握中密度纤维板工艺流程，能比较形象地了解生产线主要设备的结构组成和工作原理。在生产线设备中，要求重点掌握热磨机的结构和工作原理。由于热磨机系统封闭，研磨室内部纤维分离的真实过程无法直观得知，因此，通过热磨机的虚拟仿真实验，可详细了解热磨机的结构和工作原理。

二、实验设备

(1) 中密度纤维板生产线虚拟仿真资源。
(2) 热磨机系统虚拟仿真资源（系统的构成、磨盘的拆卸、研磨纤维过程动态仿真）。

三、相关知识概述

1. 中密度纤维板生产线

中密度纤维板是以木质纤维或其他植物纤维为原料，经打碎、纤维分离、施胶、干燥、成型、预压，再经热压后制成的一种人造板材。其密度一般在 500~1000 kg/m³，厚度一般为 5~30 mm。中密度纤维板具有优良的物理力学性能、装饰性能和加工性能，广泛应用于家具、地板、室内装饰装修等领域。

中密度纤维板主要生产工艺流程为：备料、纤维分离、施胶、干燥、板坯成型与预压、热压、冷却与堆垛、砂光等，如果贴面销售，还有贴面工段。

生产线主要设备包括：备料工段设备（剥皮机、削片机、木片料仓、木片清洁）；纤维分离与干燥工段设备（热磨机、管道气流干燥机）；板坯成型与预压工段设备（机械成型机、连续辊式预压机）；热压设备（连续平压机）；冷却与堆垛工段设备（翻板冷却设备、自动堆垛设备）；砂光生产线（双面宽带式砂光机）；贴面生产线（短周期热压贴面生产线）。

根据热压机的结构不同，中密度纤维板生产线分为多层热压生产线和连续平压生产线。图 20-1 所示为连续平压生产线。连续平压生产线相对于多层热压生产线具有很多的优点：生产连续化、产品质量好、板材厚度高、原材料消耗低、板材规格多、生产效率高、节电、省热、简化了生产设备、根据不同压力区段实现等强度设计。图 20-2 所示为中密度纤维板连续平压虚拟仿真生产线部分截图。

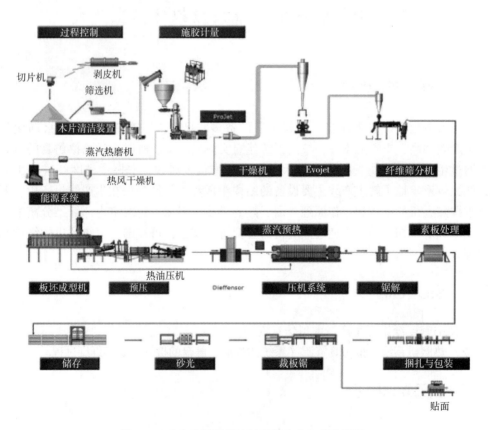

图 20-1　中密度纤维板连续平压生产工艺流程图

图 20-2　中密度纤维板连续平压虚拟仿真生产线部分截图

2. 热磨机

将木片或其他植物原料分离成纤维，是中密度纤维板生产中的一个关键工序。纤维板的质量优劣，取决于纤维浆料的质量，而纤维质量又直接与纤维分离设备技术性能的好坏有密切的关系。纤维分离常用的方法是加热机械法，将植物原料用热水或饱和蒸汽进行水煮或汽蒸，使纤维胞间层部分水解或软化，然后在常压或高压的条件下，经机械外力的作用使其分离成纤维。热磨机是在高温高压的条件下将木片等植物原料分离成纤维的一种连续式分离设备。该设备加工出的纤维结构完整、损伤少；纤维得率高，且木片在软化的条件下进行纤维分离，其耗电量低，所以获得较广泛的应用，是纤维板生产的关键设备之一，其性能直接影响到纤维的质量。热磨机系统的结构组成包括木片料仓、螺旋进料器、预热蒸煮罐、研磨装置、排料装置、进料电机、主轴高压电机等。图 20-3 所示为热磨机的结构组成图，图 20-4 所示为热磨机的结构剖视图，图 20-5 所示为热磨机动磨盘加载和磨盘间隙调整机构图，图 20-6 所示为研磨室内纤维分离示意图。

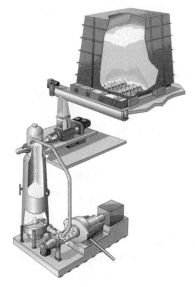

图 20-3　热磨机结构组成图　　　　图 20-4　热磨机结构剖视图

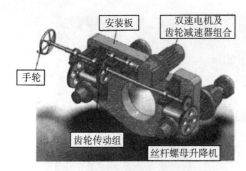

图 20-5 热磨机动磨盘加载和磨盘间隙调整机构图

图 20-6 纤维分离示意图

四、虚拟仿真实验流程

进入虚拟仿真实验室，首先观看中密度纤维板的生产工艺图，在了解工艺流程后，进入中密度纤维板仿真生产线，观看各个工段设备的功能和工作原理，观看过程中，可随时中断和回放，以便仔细了解关键工段和重点设备，特别关注热磨机。

五、实验内容

(1) 中密度纤维板生产工艺流程。
(2) 中密度纤维板生产线设备及用途。
(3) 热磨法纤维分离的工序。
(4) 热磨机的结构组成及各部分的功用。
(5) 热磨机料仓防止木片架桥装置、螺旋进料器的结构组成及防止蒸汽反喷装置。
(6) 热磨机蒸煮罐的总体结构、木片高度位置检测装置、罐底出料装置。
(7) 热磨机研磨装置的结构组成、磨盘间隙调整装置、研磨压力的施加方式、主轴的驱动系统。
(8) 热磨机排料装置的结构和工作原理。

六、实验报告

(1) 绘制中密度纤维板生产工艺流程图。
(2) 详细列出中密度纤维板生产线设备及各设备的用途。
(3) 采用热磨法制备纤维有何优点？
(4) 热磨机的结构组成包括哪些？
(5) 说明热磨机的进料装置的螺旋与螺旋管的结构特征、底座安装方式、防反喷装置的作用及控制启闭的方式。
(6) 说明热磨机蒸煮罐的作用及结构特征。如何检测和控制蒸煮罐内部木片的高度? 如何排出蒸煮好的木片?

(7) 热磨机研磨室壳体的结构特征是什么?

(8) 磨盘上一般安装有几只磨片? 安装磨片时应注意什么? 磨片的结构特征是什么?

(9) 为什么热磨机工作时动磨盘既要旋转又要做轴向运动?

(10) 热磨机工作过程中, 如何施加研磨压力?

(11) 正常工作时, 热磨机的磨盘间隙要求是多少? 如何调整?

(12) 简述木片进入磨盘间隙后被研磨分离成纤维的过程。

参考文献

南京林业大学. 1987. 木工机械 [M]. 北京: 中国林业出版社.

侯铁民. 2007. 家具木工机械 [M]. 北京: 中国轻工业出版社.

姚秉辉. 1998. 木材加工机械 [M]. 北京: 中国林业出版社.